图解多肉植物栽培与观赏

［日］古谷卓 著

刘馨宇 译

北京出版集团
北京美术摄影出版社

装饰栽培好的多肉植物，
是栽培多肉植物不能忽略的乐趣之一。
我们可以将多肉植物安置在合适的手工器皿中，
还可以将它们挂起来，或摆放在合适的角落，
这些小家伙立刻就可以给生活增添一份小幸福。

我们家里或多或少都有小角落，

我们可以配合日照条件，

在角落里搭配可爱的多肉植物，

这样简单的小举动，

会收获意想不到的效果哦！

多肉植物的魅力大多在于它们晶莹饱满的叶片，
但当它们开出一朵朵小花的时候，
我们的心头也会满是悸动。
多数多肉植物花期为一年一次，
花朵盛开时，常常会展现出想象之外的惊艳。

3

目录 CONTENTS

叶插繁殖的小苗（风车草属 姬秋丽）

各品种介绍中所含项目
特征；选购注意点；栽培土壤构成；肥料；
移植方法；繁殖方法；栽培技巧；栽培日历；
多肉植物小课堂

写在前面的话

近年来多肉植物的人气持续高涨，已然成为植物界的小网红。

多肉植物大受欢迎的最大的原因就在于它们的叶片独特可爱，而且不需要过于复杂的照料。多肉植物种类繁多，且各具特色，会激发栽培者的好奇心和收集欲。同时，在栽培、繁殖多肉植物的过程中，栽培者又常常会收获意外的惊喜。

多肉植物起源于雨水稀少的干旱地区，逐渐衍生出如今这样繁多的种类。

因为源于干燥的环境，所以多肉植物叶片善于储存水分，是耐旱性很强的植物。而那些深受人们喜爱的圆润饱满的叶片与茎秆，实际上蕴含着多肉植物在残酷环境下的生存智慧。

也正是由于这个原因，经常有人认为多肉植物"耐旱性强，所以不用经常浇水、照料，也可以生长得很好"。如果你也这样想，可就大错特错了，多肉植物毕竟是生物，想要它们健康成长，还是需要下一番功夫的。

正是因为这样，我们从园艺店常见的多肉植物品种中挑选了 21 种，用丰富的插图和简单易懂的讲解，与"想要试着养多肉植物"的各位，分享多肉植物养殖的经验与基本技巧。

同时，我们还会细致解答多肉植物养殖过程中可能会遇到的各种各样的问题，比如"该如何控制浇水""多肉植物的土壤该如何选择""栽好的多肉植物该放在哪里"。在阅读这本书的过程中，读者们会不知不觉学到丰富的多肉植物养殖知识。

同时也衷心希望各位读者能够以这本书为契机，踏上多肉植物栽培与欣赏的曼妙旅程。

古谷卓

本书使用指南

从多肉植物栽培的基本知识说起

　　本书是为想要试着开始养多肉植物的读者们准备的入门书籍。每种植物的养殖方法会总结在 4 页内容里。每 4 页都完整地介绍一种多肉植物的栽培，读者们既可以全部阅读，也可以挑选喜欢的或者正在养殖的种类进行阅读。

　　每一页的内容模块相近，但"选购注意点""栽培土壤构成""栽培日历"等具体内容，却因具体种类变化而不同，说明细致，又易于初学者理解。

　　根据生长期的不同，可以将多肉植物分为三大类别。

「春、秋型」春秋两季生长迅速，夏季生长缓慢

「春、夏、秋型」春夏秋三季均可生长，冬季进入生长缓慢期

「秋、冬、春型」秋冬春三季均可生长，但冬季要控制浇水量，夏季进入休眠期

　　在本书结尾还收录了"多肉植物养殖基础知识"，网罗了适用于各个品种的多肉植物养殖最基本的知识。也可在最初阅读，形成对多肉植物养殖的基础性理解。

本书符号指南

难易度　本书难易度用☆表示
☆　　简单
☆☆　普通
☆☆☆　难

花期

用来表示花期，以春、秋、冬为区分，同时也根据月数进行表示。

● 以下为"选购注意点""栽培土壤构成""移植方法""繁殖方法"的示意图

● 以下为"栽培日历"上根据季节不同而变化的"浇水""放置场所与光照""操作"的示意图

浇水

充足　　　　减少浇水次数
（见干见湿）

放置场所与光照

室内光照充足处　　室外阳面　　　半日阴

操作

移植　　　　叶插　　　扦插（即砍头苗）

● 根据不同品种，会介绍相同属的多肉植物。可以挑战一下栽培难度较大的品种哦

〔例〕拟石莲花属多肉植物

拟石莲花属　花筏 / 大和神

花筏 / 大和神特征

拟石莲花属的多肉植物种类繁多，色彩丰富，植株外形变化多样，深受肉友们的喜爱。另外，酷似玫瑰花朵的外形，也是拟石莲花属多肉植物惹人爱怜的独特之处。花筏和大和神秋季到冬季都需要充足的日照，随着温度降低，植株颜色会越来越浓烈，展现出艳丽之美与活力。

难易度	花期
★	❀ 冬 春
简单	11—12 月 4—5 月

👉 选购注意点

以植株整体高度偏低，叶片饱满紧凑，呈花朵形状的植株为佳。

徒长的枝条 ×

叶片变色 ×

盆体

栽培土壤构成

栽培土壤由保水性、透气性较好的赤玉土、鹿沼土、腐叶土构成。三者的配比为 5:3:2。盆底置入盆底石（或大颗粒的赤玉土或轻石）。

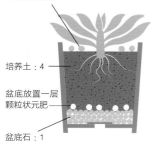

土面适当施以颗粒状肥料（也可用液肥）

培养土：4

盆底放置一层颗粒状元肥

盆底石：1

肥料

在移植植株时，将肥料置于盆底石上层。以颗粒状肥料为佳。

移植方法

首先将植株整体取出检查，去除黑色枯死的根部，轻轻揉搓，去除旧土。注意不要伤到根部，将根部展开放入新的培养土中。

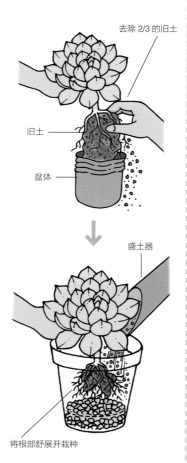

去除 2/3 的旧土

旧土

盆体

盛土器

将根部舒展开栽种

将轻微湿润的培养土倒入盆中，移植后轻轻将土压实，最后将植株放在半日阴处等待生根。

繁殖方法

春、秋两季可以进行叶插和扦插。叶插非常简单，只要取下新鲜叶片，放置在准备好的盆土上，就会生根发芽。扦插则需要等待截取处风干后再插入栽培土中。

叶插

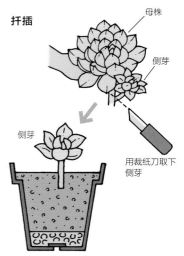

将取下的叶片放置在微微打湿的土壤表面，10 天左右开始发芽，当新生叶片达到 4~5 枚时，可以将新生植株取出重新栽种，摘取植株时注意不要伤到植株根系。

扦插

母株

侧芽

侧芽

用裁纸刀取下侧芽

将剪取的侧芽切口处风干 4~5 天后插入土壤。植株生根需要半月左右，在这期间要适当打湿土壤，将植株放置在半日阴处。植株生根之后按照普通植株进行栽培即可。

花筏和大和神的生长期在春、秋两季，生长期要保证光照充足，这样有利于植株叶片饱满紧凑。原则上要放在不会淋到雨的屋檐下，但偶尔置于露天，淋到雨水也无大碍。不过虽然该属的多肉植物生命力强，还需注意不要长期暴露在雨水之中，否则也会导致根系腐烂。夏季要将植株转移到半日阴处，减少浇水次数。温度到达零下时，为防止冻伤，要将植株转移到室内栽培。

栽培日历

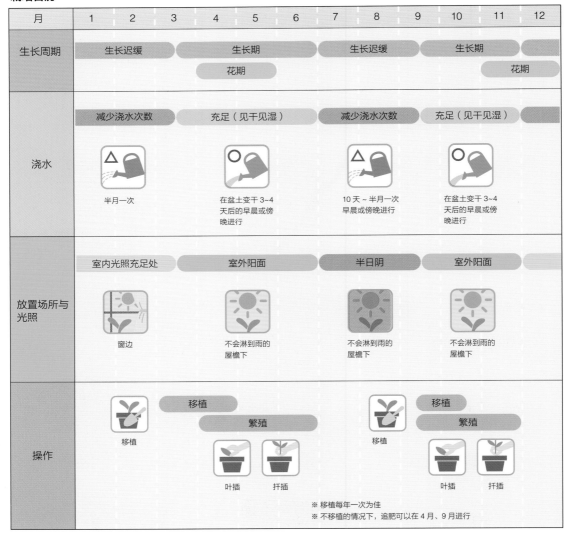

月	1	2	3	4	5	6	7	8	9	10	11	12
生长周期	生长迟缓			生长期			生长迟缓			生长期		
				花期							花期	

浇水

减少浇水次数 （半月一次）　　充足（见干见湿）（在盆土变干 3~4 天后的早晨或傍晚进行）　　减少浇水次数（10 天 ~ 半月一次，早晨或傍晚进行）　　充足（见干见湿）（在盆土变干 3~4 天后的早晨或傍晚进行）

放置场所与光照

室内光照充足处（窗边）　　室外阳面（不会淋到雨的屋檐下）　　半日阴（不会淋到雨的屋檐下）　　室外阳面（不会淋到雨的屋檐下）

操作

移植　　移植　　繁殖（叶插、扦插）　　移植　　移植　　繁殖（叶插、扦插）

※ 移植每年一次为佳
※ 不移植的情况下，追肥可以在 4 月、9 月进行

多肉植物小课堂　　**Q** **夏日里浇水后植株变得没有活力了！**

A 将植株转移到半日阴处，并控制浇水量，观察植株状况。夏季温度高，在中午或下午浇水后会烫伤植株根系。请牢记，浇水务必在早晨和傍晚进行。

拟石莲花属是玫瑰形态多肉植物的代表。

花筏

大和神

选购时，以如图中植株整
体较低，叶片饱满紧凑的
植株为佳。

拟石莲花属多肉植物

桃太郎

罗宾

特玉莲

福祥锦

雪莲　※ 不耐夏季高温多湿

黑王子

春、秋型

风车草属　**秋丽**

秋丽特征

风车草属是由拟石莲花属和景天属杂交产生并流行起来的品种。秋丽就是这样的杂交品种之一。秋丽叶片较细，呈肉肉的椭圆状，随着生长植株会变长。秋丽生命力强，栽培简单，即便在生长期淋到雨也可以继续生长，不过考虑到多肉植物不耐雨水的特性，推荐在不会淋到雨水的屋檐下栽培。

难易度	花期
★	春
简单	4—5 月

选购注意点

整体偏长、叶片稀疏的植株为光照不足徒长所致，要避免买这种植株。

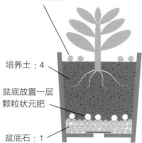

徒长的枝条 ×
叶片变色 ×
盆体

栽培土壤构成

栽培土壤由保水性、透气性较好的赤玉土、鹿沼土、腐叶土构成。三者的配比为 5：3：2。盆底置入盆底石（或大颗粒的赤玉土或轻石）。

土面适当施以颗粒状肥料（也可用液肥）

培养土：4
盆底放置一层颗粒状元肥
盆底石：1

肥料

在移植植株时，将肥料置于盆底石上层。以颗粒状肥料为佳。

移植方法

首先将植株整体取出检查，去除黑色枯死的根部，轻轻揉搓，去除旧土。注意不要伤到根部，将根部展开放入新的培养土中。

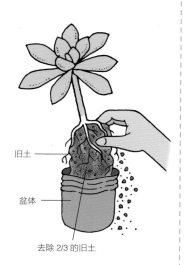

旧土
盆体
去除 2/3 的旧土

盛土器
将根部舒展开栽种

将轻微湿润的培养土倒入盆中，移植后轻轻将土压实，最后将植株放在半日阴处等待生根。

繁殖方法

春、秋两季可以进行叶插和扦插。叶插非常简单，只要取下新鲜叶片，放置在准备好的盆土上，就会生根发芽。发芽后取下原来的叶片，只留取新生植株进行栽培。

叶插

将取下的叶片放置在微微打湿的土壤表面，10 天左右开始发芽，当新生叶片达到 4~5 枚时，可以将新生植株取出重新栽种，摘取植株时注意不要伤到植株根系。

扦插

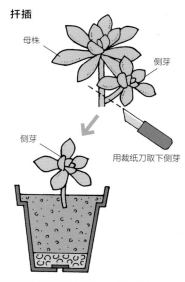

母株
侧芽
侧芽
用裁纸刀取下侧芽

将剪取的侧芽切口处风干 4~5 天后插入土壤。植株生根需要半月左右，在这期间要适当打湿土壤，将植株放置在半日阴处。植株生根之后按照普通植株进行栽培即可。

秋丽栽培技巧

　　秋丽是生命力强、非常易于繁殖的品种。生长期时，推荐将秋丽置于屋外光照充足的地方，有利于秋丽的生长繁殖。浇水量以见干见湿为宜，当盆土变干后 3~4 天后一次性浇透，这样有助于让盆土干湿交替，利于植株根系呼吸。需要注意的是浇水后要置于通风良好的地方，否则容易导致根系腐烂，叶片发霉。

栽培日历

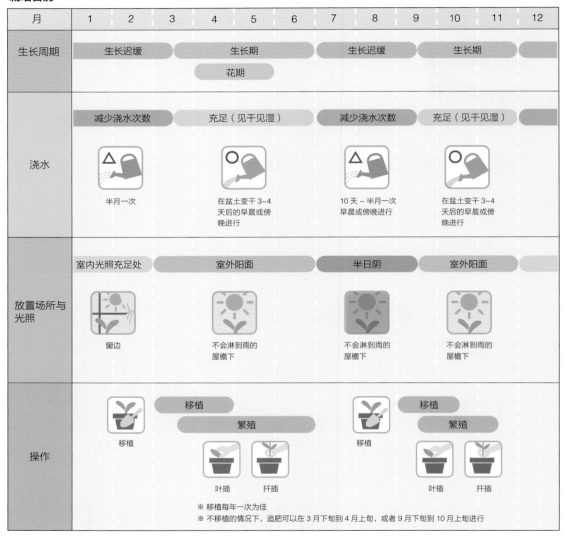

月	1	2	3	4	5	6	7	8	9	10	11	12
生长周期	生长迟缓			生长期			生长迟缓			生长期		
				花期								
浇水	减少浇水次数 半月一次			充足（见干见湿）在盆土变干 3~4 天后的早晨或傍晚进行			减少浇水次数 10 天 ~ 半月一次 早晨或傍晚进行			充足（见干见湿）在盆土变干 3~4 天后的早晨或傍晚进行		
放置场所与光照	室内光照充足处 窗边			室外阳面 不会淋到雨的屋檐下			半日阴 不会淋到雨的屋檐下			室外阳面 不会淋到雨的屋檐下		
操作	移植 移植	繁殖 叶插　扦插					移植 移植	繁殖 叶插　扦插				

※ 移植每年一次为佳
※ 不移植的情况下，追肥可以在 3 月下旬到 4 月上旬，或者 9 月下旬到 10 月上旬进行

> **多肉植物小课堂**
>
> **Q　我的秋丽越长越高，不可爱了啊！**
>
> **A**　秋丽是一种非常容易徒长的多肉植物，推荐将长高的植株从中间剪短进行扦插。只要将剪下的植株部分晾干一周左右，再放到湿润的土壤上，植株就会生出根系，再种在土中即可正常生长、繁殖。

秋丽是杂交繁殖出的美丽，

新品种的多肉植物的繁育还在进行，

让我们一起期待吧。

风车草属多肉植物

姬秋丽

黛比

红蔓莲

华丽风车

桃蛋

姬胧月

厚叶草属　**星美人**

星美人特征

　　"厚叶草"指"厚厚的植物"，而厚叶草属也正如其名，有着圆润可爱的叶片。星美人就是厚叶草属多肉植物的典型代表，肉肉的外表受到花友们的喜爱。除了肉肉的叶片，叶片表面淡淡的白霜也是星美人的迷人之处。但是这层白霜一被触摸就会变脏甚至掉落，因此照顾星美人时要格外注意白霜的保养。

难易度	花期
★	春
简单	4—5 月

选购注意点

偏大且稀疏的叶片多为光照不足导致的徒长，要避免买这种植株。

徒长的枝条 ×
叶片变色 ×
盆体

栽培土壤构成

栽培土壤由保水性、透气性较好的赤玉土、鹿沼土、腐叶土构成。三者的配比为 5 : 3 : 2。盆底置入盆底石（或大颗粒的赤玉土或轻石）。

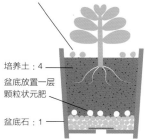

土面适当施以颗粒状肥料（也可用液肥）
培养土 : 4
盆底放置一层颗粒状元肥
盆底石 : 1

肥料

在移植植株时，将肥料置于盆底石上层。以颗粒状肥料为佳。

移植方法

星美人植株长高后容易倾倒，因此要适时进行砍头苗扦插。去除黑色枯死的根部，轻轻揉搓，去除旧土。注意不要伤到根部，将根部展开放入新的培养土中。

去除 2/3 的旧土
旧土
盆体

↓

盛土器
将根部舒展开栽种

将轻微湿润的培养土倒入盆中，移植后轻轻将土压实，最后将植株放在半日阴处等待生根。

繁殖方法

星美人的叶插和扦插都很简单。叶插只要取下新鲜叶片，放置在准备好的盆土上，就会生根发芽。扦插用裁纸刀取下带有叶片的侧芽并进行扦插即可。

叶插

将取下的叶片放置在微微打湿的土壤表面，10 天左右开始发芽，当新生叶株达到 4~5 枚时，可以将新生植株取出重新栽种，摘取植株时注意不要伤到植株根系。

扦插

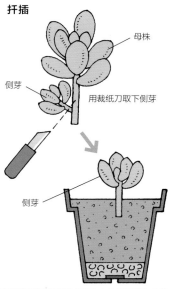

母株
侧芽
用裁纸刀取下侧芽

↓

侧芽

将剪取的侧芽切口处风干 4~5 天后插入土壤。植株生根需要半月左右，在这期间要适当打湿土壤，将植株放置在半日阴处。植株生根之后按照普通植株进行栽培即可。

星美人栽培技巧

星美人是生命力超强、易于繁殖的品种。星美人生长迅速，生长期时，将星美人置于屋外光照充足的地方，很快就可以得到一大簇星美人。照料星美人时，要注意植株根系，浇水见干见湿和通风，防止根系腐烂。同时要注意夏季的高温多湿和冬季的霜冻，冬季要取回室内栽培。

栽培日历

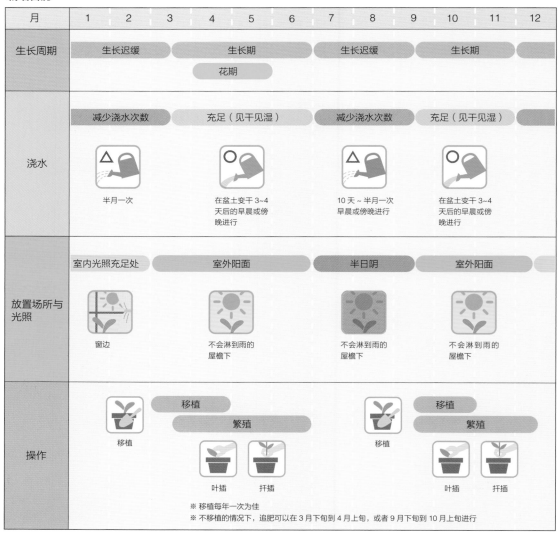

月	1	2	3	4	5	6	7	8	9	10	11	12
生长周期	生长迟缓			生长期			生长迟缓			生长期		
				花期								

浇水
- 减少浇水次数　半月一次
- 充足（见干见湿）　在盆土变干 3~4 天后的早晨或傍晚进行
- 减少浇水次数　10 天 ~ 半月一次 早晨或傍晚进行
- 充足（见干见湿）　在盆土变干 3~4 天后的早晨或傍晚进行

放置场所与光照
- 室内光照充足处　窗边
- 室外阳面　不会淋到雨的屋檐下
- 半日阴　不会淋到雨的屋檐下
- 室外阳面　不会淋到雨的屋檐下

操作
- 移植
- 移植
- 繁殖　叶插　扦插
- 移植
- 移植
- 繁殖　叶插　扦插

※ 移植每年一次为佳
※ 不移植的情况下，追肥可以在 3 月下旬到 4 月上旬，或者 9 月下旬到 10 月上旬进行

多肉植物小课堂

Q 我不小心弄脏了星美人的叶片，还可以恢复吗？

A 厚叶草属的多肉植物叶片上有一层淡淡的白霜，淡雅美丽。但是在长期潮湿或者多雨的环境下，或在被触碰时，白霜就会脱落，露出白霜下的植物叶片。白霜一旦脱落，就无法恢复，只有等待新的叶片长出，老叶位置下移。因此栽培厚叶草属植物时，要格外注意白霜的养护。

星美人的花

星美人不仅有着温柔羞涩的外形与颜色，
植株形态中还透露着美人的神韵。

厚叶草属多肉植物

冬美人锦

紫丽殿

桃美人

银波锦属　**熊童子**（白熊）

熊童子特征

银波锦属的多肉植物或带有淡淡的白霜，或有着软萌的茸毛，是个样式多变可爱的品种。其中具有超高人气的代表，就是叶片宛如小熊手掌的熊童子。而左页图片中叶片带有白斑的种类也是熊童子的一种变种，被称作"熊童子锦"。

难易度	花期
★★	秋
普通	10—11 月

选购注意点

避免购买叶片软塌不饱满且稀疏，甚至茎秆部分突出的植株。

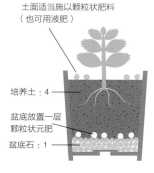

徒长的枝条 ×
叶片变色 ×
盆体

栽培土壤构成

栽培土壤由保水性、透气性较好的赤玉土、鹿沼土、腐叶土构成。三者的配比为 5 : 3 : 2。盆底置入盆底石（或大颗粒的赤玉土或轻石）。

土面适当施以颗粒状肥料（也可用液肥）

培养土：4
盆底放置一层颗粒状元肥
盆底石：1

肥料

在移植植株时，将肥料置于盆底石上层。以颗粒状肥料为佳。

移植方法

熊童子移植季节为春、秋两季。轻轻将植株从旧土中取出，去除黑色枯死的根部，轻轻揉搓，去除旧土。注意不要伤到根部，将根部展开放入新的培养土中。一周左右后可以浇水。

去除 2/3 的旧土
旧土
盆体

盛土器
将根部舒展开栽种

将轻微湿润的培养土倒入盆中，移植后轻轻将土压实，最后将植株放在半日阴处等待生根。

繁殖方法

熊童子的繁殖可以选择叶插，也可以选择扦插。叶插只要取下新鲜叶片，放置在半日阴处生根发芽即可。扦插用裁纸刀取下带有叶片的侧芽，待切口风干后插入土中即可。

叶插

将取下的叶片放置在微微打湿的土壤表面，10 天左右开始发芽，当新生叶片达到 4~5 枚时，可以将新生植株取出重新栽种，摘取植株时注意不要伤到植株根系。

扦插

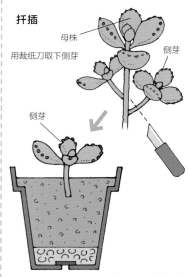

母株
侧芽
用裁纸刀取下侧芽
侧芽

将剪取的侧芽切口处风干 4~5 天后插入土壤。植株生根需要半月左右，在这期间要适当打湿土壤，将植株放置在半日阴处。植株生根之后按照普通植株进行栽培即可。

熊童子栽培技巧

　　熊童子的生长期是春、秋两季，这两个季节要将植株放在日照充足的地方，在盆土表面变干 3~4 天后彻底浇透。熊童子夏季基本处于休眠状态，因此如放置在光照强烈的地方时，会产生叶片灼伤甚至脱落的情况。因此夏季要将熊童子转移到半日阴处，并控制浇水量。冬季熊童子生长缓慢，因此要减少浇水次数，同时为了避免冻伤，要将熊童子放回屋内栽培。

栽培日历

月	1	2	3	4	5	6	7	8	9	10	11	12
生长周期	生长迟缓			生长期			生长迟缓			生长期		
										花期		
浇水	减少浇水次数		充足（见干见湿）				减少浇水次数		充足（见干见湿）			
	半月一次		在盆土变干 3~4 天后的早晨或傍晚进行				半月一次 早晨或傍晚进行		在盆土变干 3~4 天后的早晨或傍晚进行			
放置场所与光照	室内光照充足处		室外阳面				半日阴		室外阳面			
	窗边		不会淋到雨的屋檐下				不会淋到雨的屋檐下		不会淋到雨的屋檐下			
操作	移植	移植					移植	移植				
		繁殖						繁殖				
			叶插 扦插						叶插 扦插			

※ 移植每年一次为佳
※ 不移植的年份，追肥可以在 3 月，或者 9 月下旬到 10 月上旬进行

多肉植物小课堂　　**Q** **我用了没有排水孔的花盆栽种熊童子，结果叶片全都掉了！**

A　　如果我们用的是没有排水孔的花盆来栽种多肉植物，浇水过量时可以倾斜花盆倒出多余水分，但是花盆内部可能会因为潮湿而导致透气性变差，进而使得多肉植物根系腐烂。遇到这种情况可以减少浇水次数，或者在花盆底部开一个排水孔，也推荐改用排水性良好的土质，以减少土壤中的湿气，改善生长环境。

熊童子叶片上有密密的茸毛，
酷似萌萌的小熊掌。

银波锦属多肉植物

轮回

舞娘

银波锦

达摩福娘

旭波之光

熊童子（黄熊）

伽蓝菜属　**月兔耳**

月兔耳特征

伽蓝菜属的多肉植物是经过改良的品种，常用于园艺，种类繁多，受人喜爱。月兔耳作为伽蓝菜属多肉植物的一种，因叶片形状好似兔子耳朵，且叶片覆盖有一层白色茸毛而得名。此外，伽蓝菜属多肉植物还有各种各样的其他种类。月兔耳原产于马达加斯加，因此不耐寒，冬季要注意防冻。

难易度　花期

★　　　春

简单　　4—5月

选购注意点

注意挑选叶片圆润饱满的植株，避免购买由于徒长导致叶片稀疏的植株。

徒长的枝条 ×

叶片变色 ×

盆体

栽培土壤构成

栽培土壤由保水性、透气性较好的赤玉土、鹿沼土、腐叶土构成。三者的配比为 5:3:2。盆底置入盆底石（或大颗粒的赤玉土或轻石）。

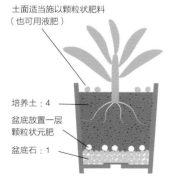

土面适当施以颗粒状肥料（也可用液肥）

培养土：4

盆底放置一层颗粒状元肥

盆底石：1

肥料

在移植植株时，将肥料置于盆底石上层。以颗粒状肥料为佳。

移植方法

将植株轻轻从旧土中取出，去除黑色枯死的根部，轻轻揉搓，去除旧土。注意不要伤到根部，将根部展开放入新的培养土中。一周左右后可以浇水。

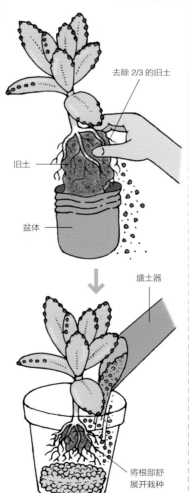

去除 2/3 的旧土

旧土

盆体

盛土器

将根部舒展开栽种

将轻微湿润的培养土倒入盆中，移植后轻轻将土压实，最后将植株放在半日阴处等待生根。

繁殖方法

月兔耳的繁殖期为春、秋两季。叶插只要取下新鲜叶片，放置在半日阴处生根发芽即可。扦插用裁纸刀取下带有叶片的侧芽，待切口风干后插入土中即可。

叶插

将取下的叶片放置在微微打湿的土壤表面，10 天左右开始发芽，当新生叶片达到 4~5枚时，可以将新生植株取出重新栽种，摘取植株时注意不要伤到植株根系。

扦插

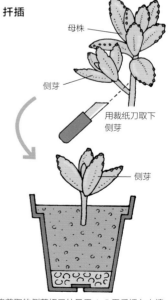

母株

侧芽

用裁纸刀取下侧芽

侧芽

将剪取的侧芽切口处风干 4~5 天后插入土壤。植株生根需要半月左右，在这期间要适当打湿土壤，将植株放置在半日阴处。植株生根之后按照普通植株进行栽培即可。

月兔耳栽培技巧

　　月兔耳生命力强，当月兔耳处于生长期时，要将植株放在日照充足（阳光直射处也可以）、通风良好的地方。在盆土表面变干 3~4 天后彻底浇透。但若水量过大，会导致叶片发霉，根系腐烂，因此要注意浇水量的控制。尤其是生长迟缓的夏季，要将月兔耳转移到半日阴处，且不可在白天浇水。月兔耳不耐寒，同时为了避免冻伤，冬季要将月兔耳放回屋内栽培。

栽培日历

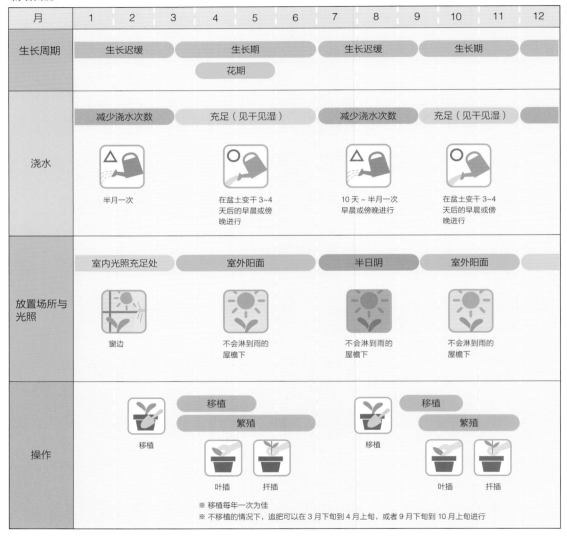

月	1	2	3	4	5	6	7	8	9	10	11	12
生长周期	生长迟缓			生长期			生长迟缓			生长期		
				花期								
浇水	减少浇水次数		充足（见干见湿）			减少浇水次数			充足（见干见湿）			
	半月一次		在盆土变干 3~4 天后的早晨或傍晚进行			10 天 ~ 半月一次 早晨或傍晚进行			在盆土变干 3~4 天后的早晨或傍晚进行			
放置场所与光照	室内光照充足处		室外阳面			半日阴			室外阳面			
	窗边		不会淋到雨的屋檐下			不会淋到雨的屋檐下			不会淋到雨的屋檐下			
操作	移植	移植					移植	移植				
		繁殖						繁殖				
			叶插 扦插						叶插 扦插			

　　※ 移植每年一次为佳
　　※ 不移植的情况下，追肥可以在 3 月下旬到 4 月上旬，或者 9 月下旬到 10 月上旬进行

多肉植物小课堂　　**Q** 冬天忘了把月兔耳挪到室内，结果冻得化水了！

A 月兔耳是热带植物，耐寒性非常差，一次受冻之后，几乎就没有办法恢复了。因此冬季务必将月兔耳拿到室内栽培。另外，冬季要控制浇水量，当植株体内水分减少时，更要注意防冻，减少受冻的可能性。值得注意的一点是，由于冬季室内光照弱，春季不要突然将植株移动到阳光充足处，以免光照突然变强导致叶片灼伤。

伽蓝菜属的多肉植物憨态可掬，
宛如毛茸茸的小动物。

伽蓝菜属多肉植物

泰迪熊

福兔耳

落地生根

唐印锦

江户紫

长寿花

千里光属 **佛珠**

佛珠特征

佛珠是菊科千里光属植物，原产于非洲大陆、马达加斯加或墨西哥等干燥地带。佛珠在秋、冬两季会持续开花，其花朵花形独特，颜色美丽，会给佛珠的养殖与欣赏带来一番别样的乐趣。佛珠叶片呈珠状，好似佛珠，并因此得名。植株会随着生长如藤蔓般蔓延伸展，从花盆边缘垂下。将佛珠吊挂起来，会营造出一份典雅的意境。

难易度	花期
★	
简单	1~3 月

选购注意点

夏季为佛珠生长迟缓期，此时的植株叶片无活力，叶片数量稀少，且根系弱，易腐烂。尽量不要在夏季购买。

叶片变色 ×

盆体

栽培土壤构成

栽培土壤由保水性、透气性较好的赤玉土、鹿沼土、腐叶土构成。三者的配比为 5:3:2。盆底置入盆底石（或大颗粒的赤玉土或轻石）。

土面适当施以颗粒状肥料
（也可用液肥）

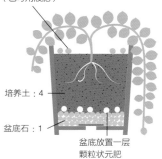

培养土：4

盆底石：1

盆底放置一层
颗粒状元肥

肥料

在移植植株时，将肥料置于盆底石上层。以颗粒状肥料为佳。

移植方法

佛珠的移植宜在春、秋两季进行。将植株轻轻从旧土中取出，去除黑色枯死的根部，轻轻揉搓，去除2/3的旧土。准备好新鲜的培养土，花盆比原来的花盆稍微大一些即可。

去除 2/3 的旧土

盆体

盛土器

将根部舒展开栽种

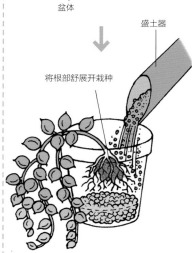

将轻微湿润的培养土倒入盆中，移植后轻轻将土压实，最后将植株放在半日阴处等待生根。

繁殖方法

佛珠可以选择叶插，也可以剪下枝条进行扦插。若植株生长过旺，也可进行分盆。

叶插

将取下的叶片放置在微微打湿的土壤表面，10 天左右开始发芽，当新生叶片达到 4~5 枚时，可以将新生植株取出重新栽种，摘取植株时注意不要伤到植株根系。

扦插

母株

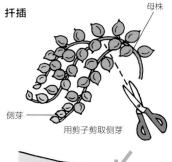

侧芽

用剪子剪取侧芽

侧芽

将剪取的侧芽放置在微湿的土壤上，将植株放置在半日阴处，静待植株生长即可。生根后即可正常浇水。

佛珠栽培技巧

　　佛珠生命力和生长欲望都很强，春、秋两季可以置于室外悬挂养殖，观赏性高。偶尔淋到雨也没关系，但是不可长期处于高温多湿的环境，因此要置于通风良好的地方，并控制浇水量。水量过大会导致叶片发霉，根系腐烂。冬季时要减少佛珠浇水量，佛珠耐寒性强，甚至可以耐霜冻，但温度过低时还是推荐在室内栽培。

栽培日历

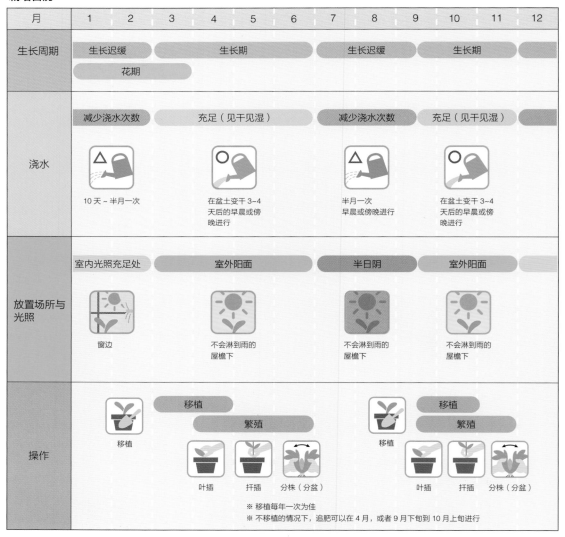

月	1	2	3	4	5	6	7	8	9	10	11	12
生长周期	生长迟缓		生长期				生长迟缓			生长期		
	花期											
浇水	减少浇水次数		充足（见干见湿）				减少浇水次数		充足（见干见湿）			
	10天~半月一次		在盆土变干3~4天后的早晨或傍晚进行				半月一次早晨或傍晚进行		在盆土变干3~4天后的早晨或傍晚进行			
放置场所与光照	室内光照充足处		室外阳面				半日阴		室外阳面			
	窗边		不会淋到雨的屋檐下				不会淋到雨的屋檐下		不会淋到雨的屋檐下			
操作	移植	移植			繁殖			移植	移植	繁殖		
		叶插　扦插　分株（分盆）							叶插　扦插　分株（分盆）			

※ 移植每年一次为佳
※ 不移植的情况下，追肥可以在4月，或者9月下旬到10月上旬进行

多肉植物小课堂

Q 佛珠在夏季被阳光直射后，叶片变成褐色了！

A 佛珠原产地为干燥的热带，因此无法生存在高温多湿的环境，在多湿环境下受到阳光直射后，叶片会生出灼伤，严重时会伤及根系。因此要转移到通风良好的半日阴处，并控制浇水量，防止根系腐烂，安全度过夏天。

佛珠别名绿之铃，
小刷子一样的花朵也有着独特的魅力。

花期的佛珠

千里光属多肉植物

银月

马赛（音译）

七宝树锦

厚敦菊属　**紫玄月**

紫玄月特征

　　紫玄月为菊科厚敦菊属植物，茎秆部分为紫色，向四周延伸生长，因此又叫红宝石项链。挂在高处时，紫玄月便会从花盆边缘垂下来，很有意境。和其他菊科植物一样，紫玄月即便在冬季也会不断开出黄色的小花来，是生命力很强的品种。

难易度	花期
★ 简单	冬 12—3 月

选购注意点

要避免购买叶片数量稀少、枝条细长的徒长植株。尽量选择叶片丰满、数量多的植株。

叶片变色 ×

盆体

栽培土壤构成

栽培土壤由保水性、透气性较好的赤玉土、鹿沼土、腐叶土构成。三者的配比为 5∶3∶2。盆底置入盆底石（或大颗粒的赤玉土或轻石）。

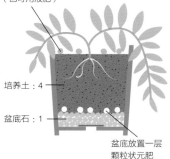

土面适当施以颗粒状肥料（也可用液肥）

培养土：4

盆底石：1

盆底放置一层颗粒状元肥

肥料

在移植植株时，将肥料置于盆底石上层。以颗粒状肥料为佳。

移植方法

将植株轻轻从旧土中取出，去除黑色枯死的根部，轻轻揉搓，去除旧土。将植株根部散开种在新盆中，将栽好的植株放在半日阴处一周左右后，开始浇水。

去除 2/3 的旧土

旧土

盆体

盛土器

将根部舒展开栽种

将轻微湿润的培养土倒入盆中，移植后轻轻将土压实，最后将植株放在半日阴处等待生根。

繁殖方法

紫玄月可以选择叶插，也可以剪下枝条进行扦插。若植株生长过旺，也可进行分盆。

叶插

将取下的叶片放置在微微打湿的土壤表面，10 天左右开始发芽，当新生叶片达到 4~5 枚时，可以将新生植株取出重新栽种，摘取植株时注意不要伤到植株根系。

扦插

母株

侧芽

用剪子剪取侧芽

侧芽

将剪取的侧芽放置在微湿的土壤上，10 天左右就会发芽，植株生长后，正常进行养殖即可。生根后即可正常浇水。

紫玄月栽培技巧

　　紫玄月生命力强，生长状况好的情况下，很快就会爆盆，可以移植到大盆中进行栽培。春、秋两季可以置于通风好、阳光足的地方，偶尔淋到雨也没关系，但是处于长期高温多湿的环境时，生长会变慢，因此可以放在半日阴处养殖。浇水量过大会导致叶片发霉，根系腐烂，因此要见干见湿，当盆土彻底干透后，一次性浇透水。

栽培日历

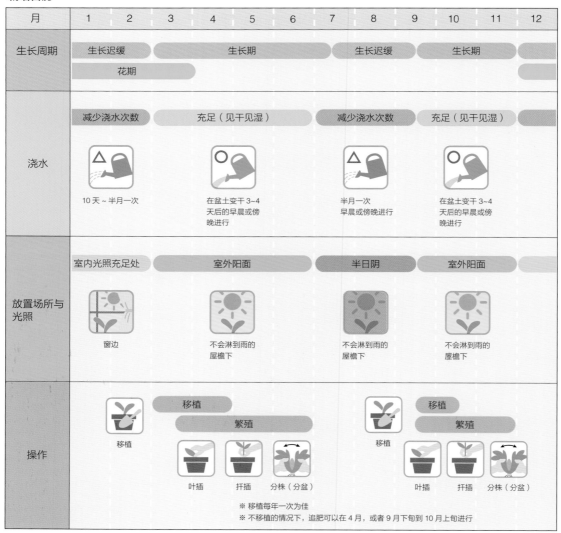

月	1	2	3	4	5	6	7	8	9	10	11	12
生长周期	生长迟缓		生长期					生长迟缓		生长期		
	花期											
浇水	减少浇水次数		充足（见干见湿）					减少浇水次数		充足（见干见湿）		
	10天~半月一次		在盆土变干3~4天后的早晨或傍晚进行					半月一次早晨或傍晚进行		在盆土变干3~4天后的早晨或傍晚进行		
放置场所与光照	室内光照充足处		室外阳面					半日阴		室外阳面		
	窗边		不会淋到雨的屋檐下					不会淋到雨的屋檐下		不会淋到雨的屋檐下		
操作	移植	移植						移植	移植			
		繁殖							繁殖			
		叶插	扦插	分株（分盆）					叶插	扦插	分株（分盆）	

※ 移植每年一次为佳
※ 不移植的情况下，追肥可以在4月，或者9月下旬到10月上旬进行

多肉植物小课堂　　**Q** 原本饱满的叶子怎么干瘪了？

A 紫玄月叶子干瘪枯萎的原因，有可能是浇水过量导致根系腐烂。首先去除黑死的根系，更换盆土进行移植。春、秋两季为紫玄月的生长期，如在这个期间移植，一周以后便可以浇水。若在夏、冬两季移植，可以等到生长期时再浇水。

紫玄月有着鲜艳紫色的茎秆，因此也叫红宝石项链。

厚敦菊属多肉植物

好望角厚敦菊（绿茎紫玄月）

拉斯卡厚敦菊 ※ 夏季休眠

蛮鬼塔 ※ 夏季休眠

青锁龙属　**火祭**

火祭特征

火祭植株高度在 15 厘米左右，原产于南非，养殖难度低，是非常适合新手养殖的品种。随着昼夜温差变大，叶片会呈现烈火般的红色，因此被命名为火祭。火祭的生长期为春、秋两季，在这两个季节火祭会变成绿色，茂盛生长。夏季结束时，火祭会长出高高的花茎，并开出白色的小花。

难易度	花期
★ 简单	秋 10—11 月

 选购注意点

要避免购买叶片数量稀少、枝条细长，或者叶片呈黄绿色的徒长植株。

徒长的枝条 ×
叶片变色 ×
盆体

栽培土壤构成

栽培土壤由保水性、透气性较好的赤玉土、鹿沼土、腐叶土构成。三者的配比为 5:3:2。盆底置入盆底石（或大颗粒的赤玉土或轻石）。

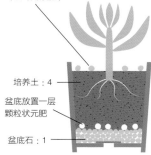

土面适当施以颗粒状肥料（也可用液肥）
培养土：4
盆底放置一层颗粒状元肥
盆底石：1

肥料

在移植植株时，将肥料置于盆底石上层。以颗粒状肥料为佳。

移植方法

将植株轻轻从旧土中取出，去除黑色枯死的根部和旧土。将植株根部散开种在新盆中。

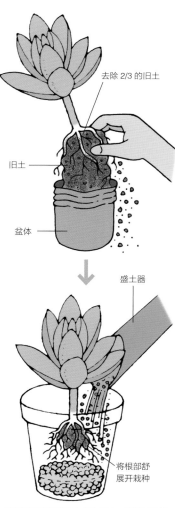

去除 2/3 的旧土
旧土
盆体
盛土器
将根部舒展开栽种

将轻微湿润的培养土倒入盆中，移植后轻轻将土压实，最后将植株放在半日阴处等待生根。

繁殖方法

火祭可以选择叶插，也可以剪下带叶片的茎秆进行扦插。切口风干后，将其置于轻微湿润的培养土上即可。微湿的土壤可以促进生根。

叶插

将取下的叶片放置在微微打湿的土壤表面，10 天左右开始发芽，当新生叶片达到 4~5 枚时，可以将新生植株取出重新栽种，摘取植株时注意不要伤及植株根系。

扦插

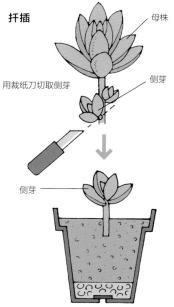

母株
侧芽
用裁纸刀切取侧芽
侧芽

将切取的侧芽风干 4~5 天，之后插入微湿的土壤上置于半日阴处，半月左右就会发芽，植株生根后，正常进行养殖即可。

37

火祭栽培技巧

　　火祭因生命力强，成长快，在多肉植物养殖中一直有着很高的人气。春、秋两季可以将火祭置于通风好、阳光足的地方，偶尔淋到雨也没关系。只要适当控制浇水量，见干见湿，当盆土彻底干透后，一次性浇透水，即可安全越夏。秋季后生长速度变快，进入冬季生长速度又会变慢，因此初冬可以放在半日阴处养殖，控制浇水量，且为了防止冻伤，冬季要放在室内养殖。

栽培日历

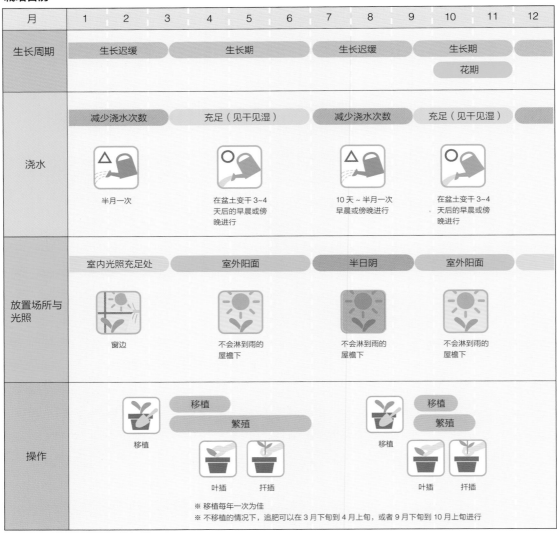

月	1	2	3	4	5	6	7	8	9	10	11	12
生长周期	生长迟缓			生长期			生长迟缓			生长期		
										花期		
浇水	减少浇水次数 半月一次			充足（见干见湿） 在盆土变干 3~4 天后的早晨或傍晚进行			减少浇水次数 10 天 ~ 半月一次 早晨或傍晚进行			充足（见干见湿） 在盆土变干 3~4 天后的早晨或傍晚进行		
放置场所与光照	室内光照充足处 窗边			室外阳面 不会淋到雨的屋檐下			半日阴 不会淋到雨的屋檐下			室外阳面 不会淋到雨的屋檐下		
操作		移植 移植	繁殖 叶插　扦插					移植 移植	繁殖 叶插　扦插			

※ 移植每年一次为佳
※ 不移植的情况下，追肥可以在 3 月下旬到 4 月上旬，或者 9 月下旬到 10 月上旬进行

Q 明明温度已经很低了，可是叶子就是不变红啊！

A 火祭冬季变红的根本原因是在秋季接受了充足的日照之后，在温度下降时便会变成红色。但是当光照不足时，即便有温差，也很难呈现出红色，还可能导致徒长。同时要提醒大家，进入春季后，火祭会变回绿色，这是进入生长期的特征，是良好的势头。

随着温度降低，
火祭的颜色会变得越来越红。

青锁龙属多肉植物

洛东

长颈景天锦

阿尔巴

赤鬼城

花月锦

吕千绘

景天属 **乙女心 / 虹之玉 / 大唐米**

乙女心 / 虹之玉 / 大唐米特征

乙女心、虹之玉和大唐米都是景天属多肉植物，世界上有 500 多种景天属植物，它们的特点是植株矮小，随生长向四周蔓延。景天属植物在春、秋两季生长速度较快。乙女心、虹之玉和大唐米等种类随着温度下降，会呈现出红色。且这三种多肉植物都会在春末夏初开出一朵朵小白花，很是可爱。

难易度	花期
★	春
简单	4—6 月

选购注意点

要选择叶片圆润饱满，高度较低的植株。

- 徒长植株 ×
- 叶片变色 ×
- 盆体

栽培土壤构成

栽培土壤由保水性、透气性较好的赤玉土、鹿沼土、腐叶土构成。三者的配比为 5：3：2。盆底置入盆底石（或大颗粒的赤玉土或轻石）。

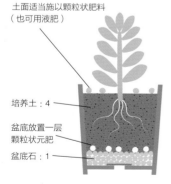

- 土面适当施以颗粒状肥料（也可用液肥）
- 培养土：4
- 盆底放置一层颗粒状元肥
- 盆底石：1

肥料

在移植植株时，将肥料置于盆底石上层。以颗粒状肥料为佳。

移植方法

将植株轻轻从旧土中取出，去除黑色枯死的根部，轻轻揉搓，去除旧土。将植株根部散种在新盆中，将栽好的植株放在半日阴处 3~4 天后，开始浇水。

- 去除 2/3 的旧土
- 旧土
- 盆体

- 盛土器
- 将根部舒展开栽种

将轻微湿润的培养土倒入盆中，移植后轻轻将土压实，最后将植株放在半日阴处等待生根。

繁殖方法

虹之玉等景天属植物繁殖方法简单，只要取下一片叶子就可以进行叶插。也可以剪下带叶片的茎秆插入土中，进行扦插。

叶插

将取下的叶片放置在微微打湿的土壤表面，10 天左右开始发芽。当新生叶片达到 4~5 枚时，可以将新生植株取出重新栽种，摘取植株时注意不要伤到植株根系。

扦插

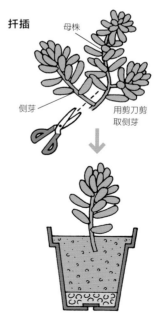

- 母株
- 侧芽
- 用剪刀剪取侧芽

将剪取的侧芽风干 4~5 天，之后插入微湿的土壤上置于半日阴处，半月左右就会发芽，植株生根后，正常进行栽培即可。

乙女心 / 虹之玉 / 大唐米栽培技巧

乙女心、虹之玉和大唐米是很好栽培的品种，春、秋两季生长旺盛，易于在通风好、阳光足的地方栽培。除夏季以外，都可以置于阳光直射的地方。乙女心、虹之玉和大唐米的耐热性差，高温多湿会导致根系腐烂，因此要将植株转移到半日阴且通风良好处越夏。乙女心、虹之玉和大唐米有一定耐寒性，冬季有阳光且温度在零上时，不会被冻伤，但生长基本停止。冬、夏两季都要注意控制浇水量。

栽培日历

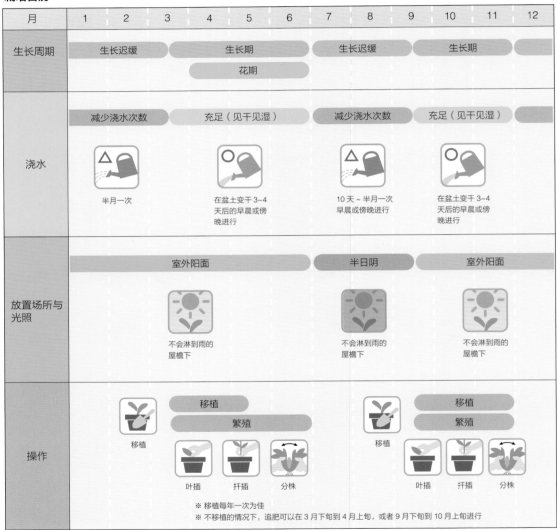

※ 移植每年一次为佳
※ 不移植的情况下，追肥可以在 3 月下旬到 4 月上旬，或者 9 月下旬到 10 月上旬进行

多肉植物小课堂

Q 夏季植株越来越小了！

A 景天属植物耐热性差，在高温多湿的夏季有时会根系腐烂，因此即便是春季长势良好的植物，若没有及时将植株转移到半日阴且通风良好处越夏，植株也可能在夏季变小。本次讲解的三种植物中，虹之玉和大唐米栽培难度相对较低，乙女心对生长环境要求较高，要特别注意一些。

景天属植物耐寒性好，栽培难度低，非常推荐新手栽培哦！

虹之玉　　　　大唐米　　　　乙女心

景天属多肉植物

绿龟卵

八千代

小玉

薄化妆

铭月

姬星美人

春、秋型

莲花掌属　映日辉

映日辉特征

　　映日辉原产于非洲西北部的加那利群岛。加那利群岛气候温暖干燥，气温为 15℃~25℃。映日辉的叶片偏薄，植株长 10 厘米左右。从主干生出的分枝会生出根系，成为新的植株。将映日辉置于光照充足处栽培，到了冬季，它的叶片边缘便会呈现出艳丽的粉红色。

难易度	花期
★	春
简单	4—5 月

 选购注意点

映日辉植株容易长高，因此要选择高度较低、叶片宽大的植株。不要买有变色或枯萎叶片的植株。

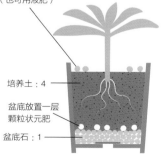

徒长的枝条 ×

叶片变色 ×

盆体

栽培土壤构成

栽培土壤由保水性、透气性较好的赤玉土、鹿沼土、腐叶土构成。三者的配比为 5:3:2。盆底置入盆底石（或大颗粒的赤玉土或轻石）。

土面适当施以颗粒状肥料（也可用液肥）

培养土：4

盆底放置一层颗粒状元肥

盆底石：1

肥料

在移植植株时，将肥料置于盆底石上层。以颗粒状肥料为佳。

移植方法

将植株轻轻从旧土中取出，轻轻揉搓，去除 2/3 的旧土，将植株根部散开种在新盆中。4~5 天后，开始浇水。

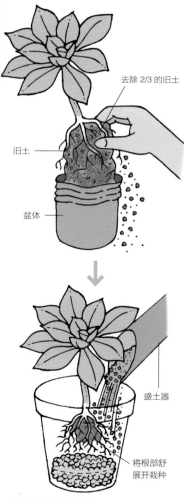

去除 2/3 的旧土

旧土

盆体

盛土器

将根部舒展开栽种

将轻微湿润的培养土倒入盆中，移植后轻轻将土压实，最后将植株放在半日阴处等待生根。

繁殖方法

映日辉会生出很多分枝，切取带有叶片的分枝，将切取的侧芽风干后插入微湿的土壤上进行扦插即可。微湿的土壤有助于生根。

叶插

将取下的叶片放置在微微打湿的土壤表面，10 天左右开始发芽。当新生叶片达到 4~5 枚时，可以将新生植株取出重新栽种，摘取植株时注意不要伤到植株根系。

扦插

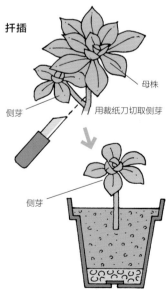

母株

侧芽

用裁纸刀切取侧芽

侧芽

将切取的侧芽风干 4~5 天，之后插入微湿的土壤上置于半日阴处，半月左右就会发芽，在此期间，适当将土打湿，植株生根后，正常进行栽培即可。

映日辉栽培技巧

　　在春、秋两季，可以将映日辉置于室外阳光充足处栽培。映日辉耐热耐湿性差，因此会随着夏季的到来逐渐失去活力。推荐将植株转移到半日阴且通风良好处越夏。映日辉在冬季也会继续生长，但为了防止冻伤，还是要挪到室内栽培。同属的多肉植物黑法师也具有较高的观赏价值。

栽培日历

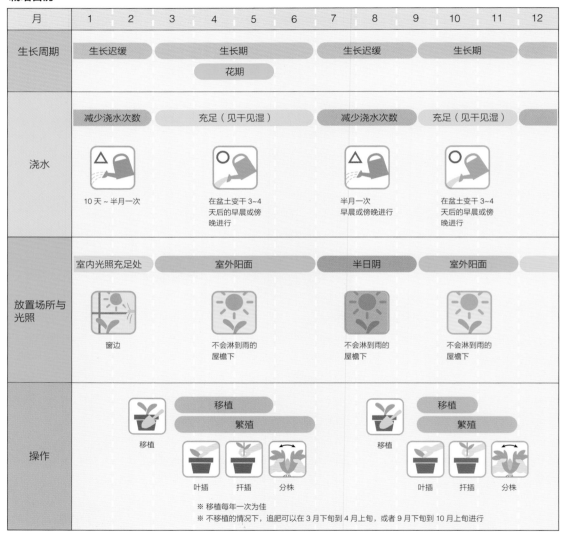

月	1	2	3	4	5	6	7	8	9	10	11	12
生长周期	生长迟缓		生长期				生长迟缓		生长期			
			花期									
浇水	减少浇水次数 10 天~半月一次		充足（见干见湿）在盆土变干 3~4 天后的早晨或傍晚进行				减少浇水次数 半月一次 早晨或傍晚进行		充足（见干见湿）在盆土变干 3~4 天后的早晨或傍晚进行			
放置场所与光照	室内光照充足处 窗边		室外阳面 不会淋到雨的屋檐下				半日阴 不会淋到雨的屋檐下		室外阳面 不会淋到雨的屋檐下			
操作		移植 移植	移植 繁殖 叶插 扦插 分株					移植 移植	移植 繁殖 叶插 扦插 分株			

※ 移植每年一次为佳
※ 不移植的情况下，追肥可以在 3 月下旬到 4 月上旬，或者 9 月下旬到 10 月上旬进行

多肉植物小课堂　　**Q 我的映日辉夏天不仅没有活力，还掉叶子！**

A 　　无论状态多好的映日辉，到了夏季，植株都会失去活力，因此无须特别担心，只要将植株转移到半日阴且通风良好处，控制浇水量越夏即可。浇水一定要在早晚进行。秋季天气转凉后，映日辉就会恢复活力了。

红叶映日辉

随着温度降低，温差变大，
映日辉会从边缘开始染上艳
丽的红色。

莲花掌属多肉植物

达摩法师

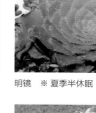

明镜 ※ 夏季半休眠

花叶寒月夜

香馥法师 ※ 夏季休眠

爱染锦

真黑法师

47

延命草属　**碰碰香**

碰碰香特征

　　碰碰香正如其名，叶片带有清香，尤其当叶片被触碰时，香味更为明显。即便不是多肉植物迷的人群，也会不由自主地喜欢上它。碰碰香生命力顽强，栽培难度低，偶尔淋雨也没关系。但碰碰香不耐高温多湿，且耐寒性差，要放在通风良好的半日阴处，冬季需在室内养殖。

难易度	花期
★ 简单	春 4—6月

选购注意点

要选择叶片茂盛的植株，避免购买叶片数量稀少、枝条细长的植株。

徒长植株 ×
叶片变色 ×
盆体

栽培土壤构成

栽培土壤由保水性、透气性较好的赤玉土、鹿沼土、腐叶土构成。三者的配比为5∶3∶2。盆底置入盆底石（或大颗粒的赤玉土或轻石）。

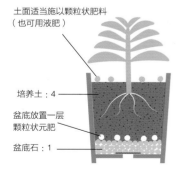

土面适当施以颗粒状肥料（也可用液肥）
培养土：4
盆底放置一层颗粒状元肥
盆底石：1

肥料

在移植植株时，将肥料置于盆底石上层。以颗粒状肥料为佳。

移植方法

将植株轻轻从旧土中取出，轻轻揉搓，去除2/3的旧土。在新盆中放入新的培养土后，将植株根部散开种在新盆中。

去除2/3的旧土
旧土
盆体

盛土器
将根部舒展开栽种

将轻微湿润的培养土倒入盆中，移植后轻轻将土压实，最后将植株放在半日阴处等待生根。

繁殖方法

碰碰香会生出很多分枝，剪取带有叶片的分枝，将剪取的侧芽切口稍稍风干后，插入微湿的土壤中，或直接置于水中，生根之后再栽培在土壤中，两种移植方式皆可。

叶插

将取下的叶片放置在微微打湿的土壤表面，10天左右开始发芽。当新生叶片达到4~5枚时，可以将新生植株取出重新栽种，摘取植株时注意不要伤到植株根系。

扦插

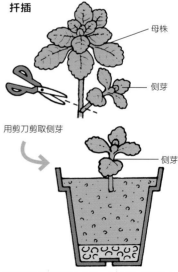

母株
侧芽
用剪刀剪取侧芽
侧芽

将剪取的侧芽风干2~3天，之后插入微湿的土壤上置于半日阴处，在此期间，适当将土打湿。也可直接将侧芽根部置于水中，生根后栽培。

49

碰碰香栽培技巧

　　碰碰香有着顽强的生命力，在生长期时即便淋雨也可以正常生长。但碰碰香不耐高温多湿，湿度过大时根系会腐烂，因此还是避免连续淋雨。碰碰香喜阳，春、秋两季可以将其置于室外阳光充足处栽培。但被夏季的强阳光直射后，叶片也会被灼伤，因此夏季要将植株转移到半日阴且通风良好处，同时控制浇水量。冬季为了防止冻伤，还是要将碰碰香挪到室内栽培。

栽培日历

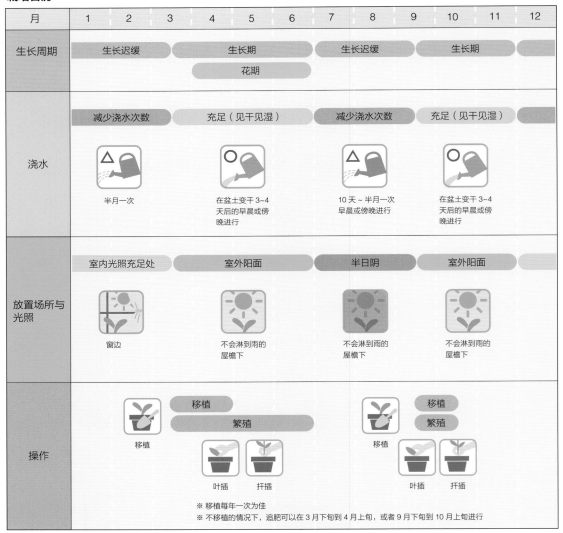

月	1	2	3	4	5	6	7	8	9	10	11	12
生长周期	生长迟缓			生长期			生长迟缓			生长期		
				花期								
浇水	减少浇水次数 半月一次			充足（见干见湿） 在盆土变干 3~4 天后的早晨或傍晚进行			减少浇水次数 10 天 ~ 半月一次 早晨或傍晚进行			充足（见干见湿） 在盆土变干 3~4 天后的早晨或傍晚进行		
放置场所与光照	室内光照充足处 窗边			室外阳面 不会淋到雨的屋檐下			半日阴 不会淋到雨的屋檐下			室外阳面 不会淋到雨的屋檐下		
操作	移植 移植		移植 繁殖 叶插　扦插				移植 移植		移植 繁殖 叶插　扦插			

※ 移植每年一次为佳
※ 不移植的情况下，追肥可以在 3 月下旬到 4 月上旬，或者 9 月下旬到 10 月上旬进行

多肉植物小课堂　　**Q 碰碰香的茎越来越高，不如刚买时可爱了！**

A 越来越高，是碰碰香的固有属性，并不是栽培不当造成的。当植株过高时，要及时修剪植株。而剪下的部分，只要插到土壤中或者水中，就可以扦插繁殖了。

碰碰香叶片带有清香，尤其用手轻轻触碰后，香味更浓。

延命草属多肉植物

马齿笕草

安伯尼克斯（音译）

安斯蒂

十二卷属　**樱水晶锦 / 冰灯玉露**

樱水晶锦 / 冰灯玉露特征

玉露原产南非洲干燥地带，生长在树荫和草丛的掩盖下，因此玉露不喜阳光直射，要在半日阴处进行栽培。玉露植株叶片顶部呈透明状，宛如水晶一般，这也是玉露名字的由来。在原产地，玉露植株的下半部分是掩藏在地下的，只有顶部探出地面进行光合作用，因此叶片顶部也被称作玉露的"天窗"。

难易度 ★★ 普通

花期 春 3—5月

选购注意点

要避免购买叶片绿色浅、植株高的个体，要选购绿色浓重、叶片饱满的植株。

叶片变色 ×
徒长的枝条 ×
盆体

栽培土壤构成

栽培土壤由保水性、透气性较好的赤玉土、鹿沼土、腐叶土构成。三者的配比为 5:3:2。盆底置入盆底石（或大颗粒的赤玉土或轻石）。

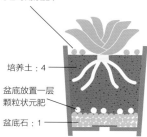

土面适当施以颗粒状肥料（也可用液肥）
培养土：4
盆底放置一层颗粒状元肥
盆底石：1

肥料

在移植植株时，将肥料置于盆底石上层。以颗粒状肥料为佳。

移植方法

将植株轻轻从旧土中取出，去除黑色坏死根部，轻轻揉搓，将植株根部散开种在新盆中。在半日阴处放置 4~5 天之后进行浇水。

去除 2/3 的旧土
盆体
旧土

盛土器
将根部舒展开栽种

将轻微湿润的培养土倒入盆中，移植后轻轻将土压实，最后将植株放在半日阴处等待生根。

繁殖方法

玉露的繁殖可以采用叶插、扦插和分株三种方法。叶插时可以轻捏住一片叶子左右轻轻摇动并摘下，叶片切口风干之后，插入土壤中。

叶插

将取下的叶片放置一周左右风干后，插入微湿的土壤中。之后就可以静静等待植株发芽、成长了。

分株

母株
侧芽

母株一侧长出侧芽之后可以摘取下来。

侧芽

种植到新的栽培土中。

原产地的玉露生长于灌木丛树木的根部，因此栽培玉露时要防止阳光直射，在半日阴的环境养殖。可以采用遮光量 50% 的遮阳网遮盖栽培，但注意不要遮光过当，导致徒长。盛夏光照最强的时候，要使用遮光量 80% 的遮阳网。夏季高温多湿的环境对于玉露的生长不利，因此要将植株转移到半日阴且通风良好处，同时控制浇水量。生长期浇水要见干见湿。

栽培日历

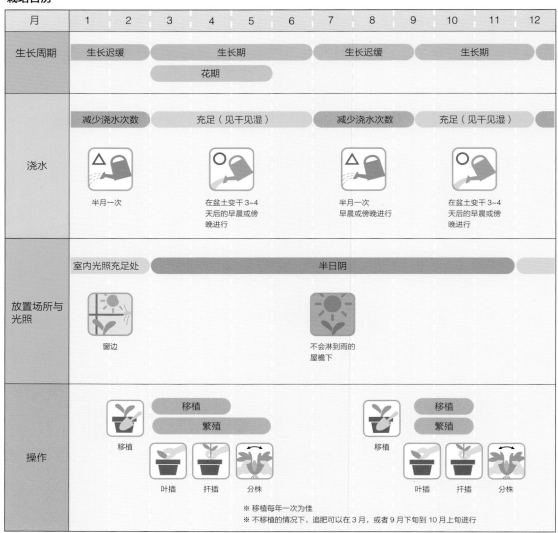

月	1	2	3	4	5	6	7	8	9	10	11	12
生长周期	生长迟缓		生长期				生长迟缓			生长期		
			花期									
浇水	减少浇水次数 半月一次		充足（见干见湿）在盆土变干3~4天后的早晨或傍晚进行				减少浇水次数 半月一次 早晨或傍晚进行			充足（见干见湿）在盆土变干3~4天后的早晨或傍晚进行		
放置场所与光照	室内光照充足处 窗边		半日阴 不会淋到雨的屋檐下									
操作	移植	移植 繁殖 叶插 扦插 分株						移植	移植 繁殖 叶插 扦插 分株			

※ 移植每年一次为佳
※ 不移植的情况下，追肥可以在 3 月，或者 9 月下旬到 10 月上旬进行

多肉植物小课堂   **Q** 玉露放在阳面栽培后变成红色了，该怎么办才好啊？

A 玉露是生长在半日阴处的植物，受到阳光直射后便会变红。因此，养殖玉露首先要谨记绝对不可以被阳光直射。但变红的玉露也并非无药可救，只要使用遮阳网等，将其置于半日阴的环境下栽培，玉露就会渐渐恢复成绿色。

樱水晶锦

冰灯玉露

玉露是利用叶片顶端的"天窗"
采光的奇异植物。
比起强烈的日光直射，
玉露更喜欢树丛间投射进来的丝
丝光线。

十二卷属多肉植物

雄姿城锦

草瑞鹤锦

康平寿

毛牡丹

玉扇　※不耐夏季高温多湿

万象　※不耐夏季高温多湿

瓦松属　**子持莲华**

子持莲华特征

　　子持莲华原产于日本，亚洲其他地区也有分布。它的叶片并不十分饱满，一片片重叠在一起宛如娇小的玫瑰。生长期的子持莲华会生出很多分枝，分枝的顶端会有一棵侧芽，由此像地毯般蔓延开来生长繁殖。子持莲华生长期为春、秋两季，夏季不耐高温多湿，冬季时四周的叶片会有枯死萎缩，植株停止生长。

难易度	花期
★	秋
简单	9—10 月

👉 选购注意点

选择叶片繁茂、侧芽众多、颜色明亮有活力的植株。

徒长的枝条 ×
叶片变色 ×

盆体

栽培土壤构成

栽培土壤由保水性、透气性较好的赤玉土、鹿沼土、腐叶土构成。三者的配比为 5:3:2。盆底置入盆底石（或大颗粒的赤玉土或轻石）。

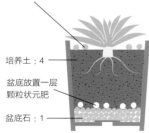

土面适当施以颗粒状肥料
（也可用液肥）

培养土：4

盆底放置一层
颗粒状元肥

盆底石：1

肥料

在移植植株时，将肥料置于盆底石上层。以颗粒状肥料为佳。

移植方法

子持莲华若多年不移植，将会出现根部纠缠打结，植株衰弱失去活力的情况。移植时要将植株轻轻从旧土中取出，去除黑色枯死的根部和旧土，更换新土进行栽培。

去除 2/3 的旧土

旧土

盆体

盛土器

将根部舒展开栽种

将轻微湿润的培养土倒入盆中，移植后轻轻将土压实，最后将植株放在半日阴处等待生根。

繁殖方法

可以将繁茂的植株进行分株，也可以剪下带有侧芽的分枝来单独栽种。

分株

母株

母株

分枝

侧芽

分取要栽种的植株。

将取下的植株栽种在微微打湿的土壤上。

扦插

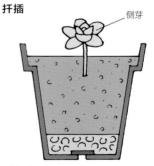

侧芽

用剪子剪下带有侧芽的分枝，插入土壤中单独栽种。

子持莲华栽培技巧

子持莲华原生于岩石之上，现在则多见于屋檐下等处。栽培繁殖时要置于排水通畅、透气通风良好处。生长期当盆土干透时一次性浇透即可。夏季高温多湿的情况下根系容易腐烂，要注意通风和排水控制。子持莲华耐寒性较好，但是冬季生长会停止，要挪到半日阴处，控制浇水量。

栽培日历

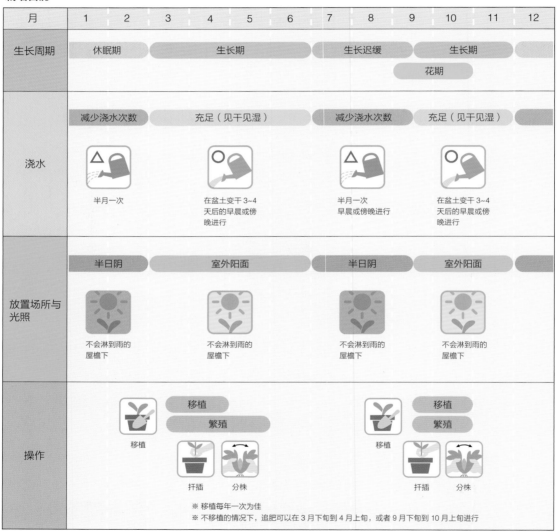

月	1	2	3	4	5	6	7	8	9	10	11	12
生长周期	休眠期		生长期				生长迟缓		生长期			
									花期			

浇水
- 减少浇水次数 / 半月一次
- 充足（见干见湿）/ 在盆土变干 3~4 天后的早晨或傍晚进行
- 减少浇水次数 / 半月一次 早晨或傍晚进行
- 充足（见干见湿）/ 在盆土变干 3~4 天后的早晨或傍晚进行

放置场所与光照
- 半日阴 / 不会淋到雨的屋檐下
- 室外阳面 / 不会淋到雨的屋檐下
- 半日阴 / 不会淋到雨的屋檐下
- 室外阳面 / 不会淋到雨的屋檐下

操作
- 移植 / 繁殖 / 移植 / 扦插 / 分株
- 移植 / 繁殖 / 移植 / 扦插 / 分株

※ 移植每年一次为佳
※ 不移植的情况下，追肥可以在 3 月下旬到 4 月上旬，或者 9 月下旬到 10 月上旬进行

多肉植物小课堂　　**Q** 冬季子持莲华的外层的叶片变黄枯萎了没关系吧？

A 子持莲华耐寒性高，即便受冻也不会轻易枯萎，但冬季进入休眠期后，植株外侧叶片会枯萎，不需过度担心。从 2 月末到 3 月中旬，随着温度变暖，可以少量浇水，之后植株便会萌生出新芽。寒冷地区要适当推迟 1 个月左右，等待春季开始再浇水。

子持莲华自古以来就是深受日本人喜爱的多肉植物。

温度逐渐变高后，
子持莲华会长出许多旁枝。

瓦松属多肉植物

富士 ※不耐夏季高温多湿

玄海岩莲华

瓦松

铁兰属（别名空气凤梨） **贝吉**

空气凤梨特征

常被称作空气凤梨的铁兰属植物在原产地生长在树木或岩石上，具有可以吸收空气中水分的能力，因此也被叫作空气凤梨。但其实空气凤梨并非多肉植物，只是因为外形相似且产地相同，因此常被认作多肉植物的一种。因为具有无土栽培的特性，在室内装饰应用中具有超高人气。

难易度 花期

★
简单

根据个体不同

选购注意点

注意确认叶片是否枯萎变色，根部是否腐烂。

叶片枯萎变色、
根部腐烂 ×

栽培土壤构成

空气凤梨几乎不需要土壤，除了常见的水苔，还可以用木片、软木板、小木块或陶器等进行组合栽培。

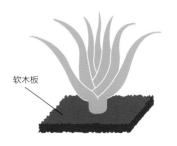

软木板

肥料

春、秋两季用 1：2000 的比例，将营养液进行稀释并喷洒在植株上。

移植方法

用水苔进行栽培时，用线或金属丝将空气凤梨的根部包裹好放入容器内，用木片或者其他材料的情况下，可以用黏着剂进行固定。

空气凤梨

如图，用线缠绕根部，将水苔固定。

将包好水苔的植株放入容器中。

繁殖方法

空气凤梨开花后会从植株旁生出侧芽，当侧芽成长至一定大小时，即可从母株摘下并进行单独栽培。

分株

母株   侧芽

摘取侧芽非常简单，可以直接用手将侧芽取下。

在侧芽的根部涂好黏着剂。

将植株固定在木块或者其他材料上。

空气凤梨栽培技巧

　　空气凤梨的栽培非常简单，通常用水苔、木片、软木板或陶器等进行栽培，且可以涂抹黏着剂等进行组合造型。空气凤梨的浇水也不难，春、秋两季每周两次用喷壶将植株整体喷湿，或者每月一次将植株整体浸泡在稀释液肥中 2~3 分钟。生长缓慢的夏季每月一次浇水，冬季半月一次。

栽培日历

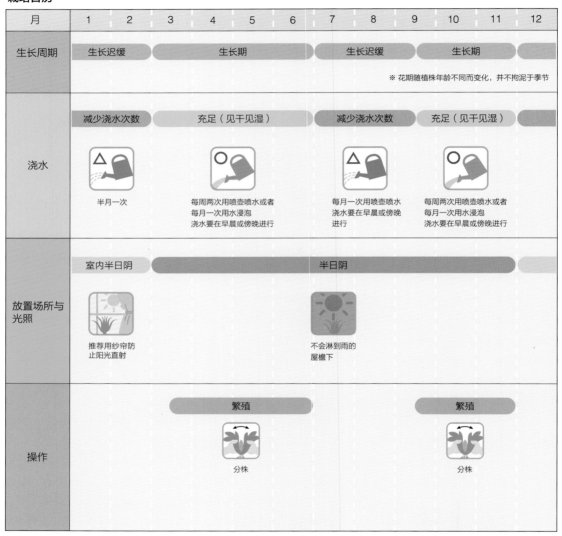

月	1	2	3	4	5	6	7	8	9	10	11	12
生长周期	生长迟缓		生长期				生长迟缓		生长期			

※ 花期随植株年龄不同而变化，并不拘泥于季节

浇水

减少浇水次数　　充足（见干见湿）　　减少浇水次数　　充足（见干见湿）

半月一次

每周两次用喷壶喷水或者
每月一次用水浸泡
浇水要在早晨或傍晚进行

每月一次用喷壶喷水
浇水要在早晨或傍晚
进行

每周两次用喷壶喷水或者
每月一次用水浸泡
浇水要在早晨或傍晚进行

放置场所与光照

室内半日阴　　　　半日阴

推荐用纱帘防
止阳光直射

不会淋到雨的
屋檐下

操作

繁殖　　　　　　　　　　繁殖

分株　　　　　　　　　　分株

Q **夏季空气凤梨的根部变黑了！**

A 空气凤梨不耐高温多湿，当浇水量过大时可能会导致根部变黑。当出现这样的情况时，推荐停止浇水，并将植株转移至半日阴处放置半月左右，观察根部变化。但是当根部黑色蔓延至叶片且变软时，便已经处于无法恢复的状态了。

贝吉的花

美丽的空气凤梨，
只需吸收空气中的水分便可开出
动人的花朵。

铁兰属多肉植物

玫瑰精灵

棉花糖

美杜莎

贝吉

多国花

小章鱼

仙人掌科

裸萼球属　**绯牡丹**

绯牡丹特征

绯牡丹是由一种名为牡丹玉的仙人掌培育出来的品种。绯牡丹最初由日本培育出来，很快流传到世界各地并受到园艺爱好者的欢迎。但绯牡丹没有叶绿素，因此必须与其他仙人掌科植株嫁接才能生长。当受到阳光直射时，绯牡丹会被灼伤，因此注意不要放在阳光下暴晒，浇水见干见湿即可，非常容易照料。

难易度	花期
★ 简单	春 4—5月

选购注意点

避免徒长的植株，选择颜色鲜艳的接穗和砧木部分有活力的植株。

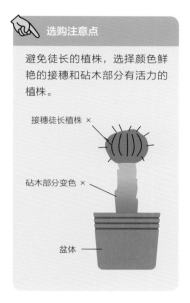

接穗徒长植株 ×

砧木部分变色 ×

盆体

栽培土壤构成

栽培土壤由保水性、透气性较好的赤玉土、鹿沼土、腐叶土构成。三者的配比为5:3:2。盆底置入盆底石（或大颗粒的赤玉土或轻石）。

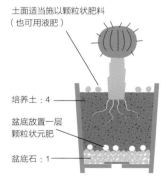

土面适当施以颗粒状肥料（也可用液肥）

培养土：4

盆底放置一层颗粒状元肥

盆底石：1

肥料

在移植植株时，将肥料置于盆底石上层。以颗粒状肥料为佳。

移植方法

绯牡丹状态好的时候，生长迅速，根系充满整个花盆时便可以换盆了。移植时要将植株轻轻从旧土中取出，去除黑色枯死的根部和旧土，将植株根部展开后更换新土进行栽培。换盆可以在每年春天进行。

接穗

砧木

去除2/3的旧土

盆体

旧土

盛土器

将根部舒展开来种

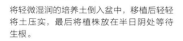

将轻微湿润的培养土倒入盆中，移植后轻轻将土压实，最后将植株放在半日阴处等待生根。

繁殖方法

随着植株生长，接穗会不断生出侧芽，可以切下侧芽，嫁接在砧木上单独栽种，砧木推荐选择龙神柱等三角形植株。

嫁接

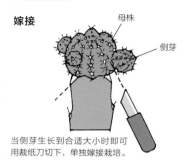

母株

侧芽

当侧芽生长到合适大小时即可用裁纸刀切下，单独嫁接栽培。

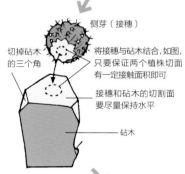

侧芽（接穗）

切掉砧木的三个角

将接穗与砧木结合，如图，只要保证两个植株切面有一定接触面积即可

接穗和砧木的切割面要尽量保持水平

砧木

如图，用棉线固定接穗与砧木，放到通风良好的半日阴处，一周左右嫁接即会成功，植株会继续生长。

线

绯牡丹栽培技巧

　　绯牡丹的营养都来源于砧木，因此想要绯牡丹颜色艳丽，必须做好砧木部分的养护。首先在选择时一定要选择生命力强的品种作为砧木，通常园艺店在售的绯牡丹的砧木生命力都比较强。此外，栽培繁殖时，要置于排水通畅、通风良好处，当盆土干透时一次性浇透。

栽培日历

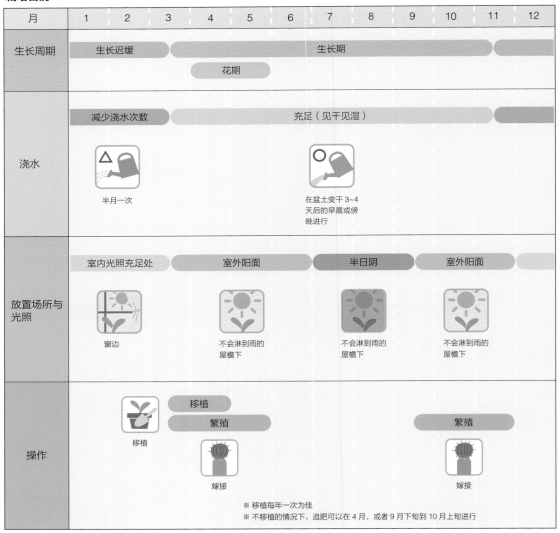

月	1	2	3	4	5	6	7	8	9	10	11	12
生长周期	生长迟缓			生长期								
				花期								
浇水	减少浇水次数			充足（见干见湿）								
	半月一次			在盆土变干3~4天后的早晨或傍晚进行								
放置场所与光照	室内光照充足处		室外阳面			半日阴			室外阳面			
	窗边		不会淋到雨的屋檐下			不会淋到雨的屋檐下			不会淋到雨的屋檐下			
操作	移植	移植										
		繁殖							繁殖			
		嫁接							嫁接			

※ 移植每年一次为佳
※ 不移植的情况下，追肥可以在4月，或者9月下旬到10月上旬进行

多肉植物小课堂　　**Q** **栽培侧芽时都有哪些注意点呢？**

A　因为绯牡丹的侧芽没有叶绿素，所以侧芽进行扦插也无法存活，务必嫁接在其他砧木上。将作为接穗的侧芽切面，与作为砧木的植株切面很好地贴合，是嫁接成功的关键，因此要格外注意贴合度。

绯牡丹色彩绚丽，宛如手工艺术品，
但这确实就是活生生的小植物哟！

绯牡丹缺乏叶绿素，
因此只有借助砧木，
才可以生存下去。

裸萼球属多肉植物

仙人掌火星丸

新天地

罗星丸

仙人掌科

乳突球属　**嘉文丸 / 玉翁**

乳突球属植物特征

乳突球属植物外形小巧可爱，刺呈柔软的毛茸状，因此即便是在多肉植物爱好者之外，也有着超高的人气。虽然我们见到的乳突球属植物多呈群生状，但在原产地墨西哥环境恶劣，很少能见到群生的植株。乳突球属植物春季生长开始较早，早春便会开出可爱的小花。

难易度	花期
简单	2—4 月

👆 选购注意点

植株顶部呈浅绿色是光照不足的表现。同时要轻轻触摸植株进行判断，避免购买干瘪空心的植株。

接穗徒长植株 ×

盆体

栽培土壤构成

栽培土壤由保水性、透气性较好的赤玉土、鹿沼土、腐叶土构成。三者的配比为 5∶3∶2。盆底置入盆底石（或大颗粒的赤玉土或轻石）。

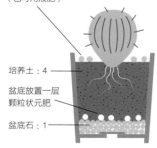

土面适当施以颗粒状肥料（也可用液肥）

培养土∶4

盆底放置一层颗粒状元肥

盆底石∶1

肥料

在移植植株时，将肥料置于盆底石上层。以颗粒状肥料为佳。

移植方法

移植可以安排在春季，但是如果想欣赏美丽小花的话，最好在秋季进行移植。移植时要轻轻去除黑色枯死的根部和旧土，将植株根部展开后更换新土进行栽培。

去除 2/3 的旧土

旧土

盆体

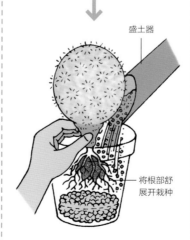

盛土器

将根部舒展开栽种

将轻微湿润的培养土倒入盆中，移植后轻轻将土压实，最后将植株放在半日阴处等待生根。

繁殖方法

随着植株生长，母株上会不断生出侧芽，当侧芽长到合适大小时，可以切下侧芽，当切口风干后进行扦插。

扦插

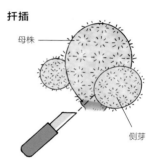

母株

侧芽

当侧芽生长到合适大小时即可用裁纸刀切下，单独嫁接栽培。

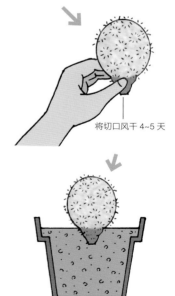

将切口风干 4~5 天

切口风干后，将侧芽插入微湿的土壤中，放到通风良好的半日阴处，10 天左右就会生根。

乳突球属植物栽培技巧

乳突球属植物大多数品种是生命力强、好栽培的品种。特别是在春季和秋季的成长期，在确认盆土完全变干 3~4 天后，一次性浇透水。乳突球属植物夏季成长缓慢，因此要减少浇水量，为了防止日晒灼伤，要放在半日阴的通风良好处度夏。乳突球属植物是耐寒的品种，常常会在冬季生出花蕾，但当温度过低时还是需要在室内栽培。

栽培日历

月	1	2	3	4	5	6	7	8	9	10	11	12
生长周期	生长迟缓			生长期								
			花期									
浇水	减少浇水次数		充足（见干见湿）				减少浇水次数		充足（见干见湿）			
	半月一次		在盆土变干 3~4 天后的早晨或傍晚进行				半月一次		在盆土变干 3~4 天后的早晨或傍晚进行			
放置场所与光照	室内光照充足处		室外阳面				半日阴		室外阳面			
	窗边		不会淋到雨的屋檐下				不会淋到雨的屋檐下		不会淋到雨的屋檐下			
操作		移植						移植				
		繁殖						繁殖				
	移植		扦插				移植		扦插			

※ 移植每年一次为佳
※ 不移植的情况下，追肥可以在 4 月，或者 9 月下旬到 10 月上旬进行

多肉植物小课堂　　**Q** 怎样才能让仙人球同时开出许多美丽的花朵呢？

A　想让仙人球开出大量美丽的花朵，不仅在植株生长期要进行充分的光照，在冬季也要进行充足的光照。夏季结束时，植株的根部也开始由紧紧成一团逐渐舒展，这时可以将植株移植到更好的盆土中，这样也可以促进仙人球开花。仙人球不耐高温多湿，因此夏季一定要放在通风良好的地方。

可爱的仙人球，等不及春天的到来，就会开出一朵朵花了。

嘉文丸

玉翁

银手指

乳突球属多肉植物

白鸟

丽光殿

松霞

金星

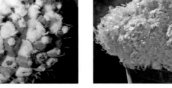

迎春

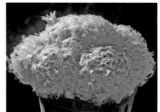

白星

大戟属　**红彩阁 ／ 白桦麒麟**

红彩阁 / 白桦麒麟特征

大戟属植物长着粗壮的刺，很容易被误认为是仙人掌科的植物，但大戟属植物实际上完全是另一个科属的植物。红彩阁因为越接近生长期颜色越发鲜红而得名。白桦麒麟则被普遍认为是龟甲麒麟或鳞宝的锦化种。

难易度

简单

花期

春
5—7月

选购注意点

植株呈细长状生长、植株顶部呈尖状是缺乏光照的表现。而变色且摇摇晃晃的植株则可能是根部不够强壮。

徒长的枝条 ×

变色植株 ×

盆体

栽培土壤构成

栽培土壤由保水性、透气性较好的赤玉土、鹿沼土、腐叶土构成。三者的配比为 5:3:2。盆底置入盆底石（或大颗粒的赤玉土或轻石）。

土面适当施以颗粒状肥料（也可用液肥）

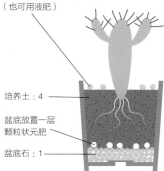

培养土：4

盆底放置一层颗粒状元肥

盆底石：1

肥料

在移植植株时，将肥料置于盆底石上层。以颗粒状肥料为佳。

移植方法

移植可以安排在春季，首先去除腐烂的根系，剥下没有营养的旧土，留取白色且有汁液的根部，将根部展开后更换新土进行栽培。

去除 2/3 的旧土

旧土

盆体

盛土器

将根部舒展开栽种

将轻微湿润的培养土倒入盆中，移植后轻轻将土压实，最后将植株放在半日阴处等待生根。

繁殖方法

随着植株生长，母株上会不断生出侧芽，当侧芽长到合适大小时，可以切下侧芽，将切口的汁液洗净，当切口风干一周左右后进行扦插。

扦插

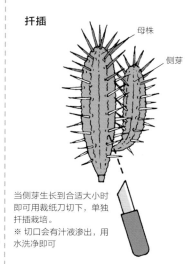

母株

侧芽

当侧芽生长到合适大小时即可用裁纸刀切下，单独扦插栽培。
※ 切口会有汁液渗出，用水洗净即可

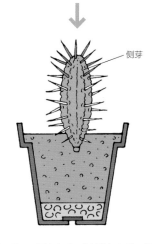

侧芽

切口风干一周左右后，将侧芽插入微湿的土壤中，放到通风良好的半日阴处等待生根。

红彩阁／白桦麒麟栽培技巧

大戟属的红彩阁和白桦麒麟都是生命力强、好栽培的品种。红彩阁和白桦麒麟喜欢夏季高温，移植最好在春季进行。在植株小苗阶段可以每年移植一次。浇水量要控制好，浇水过量会导致根系腐烂，因此浇水务必见干见湿。植株虽然喜欢夏季，却不耐高温多湿，因此要注意夏季的水分管理。

栽培日历

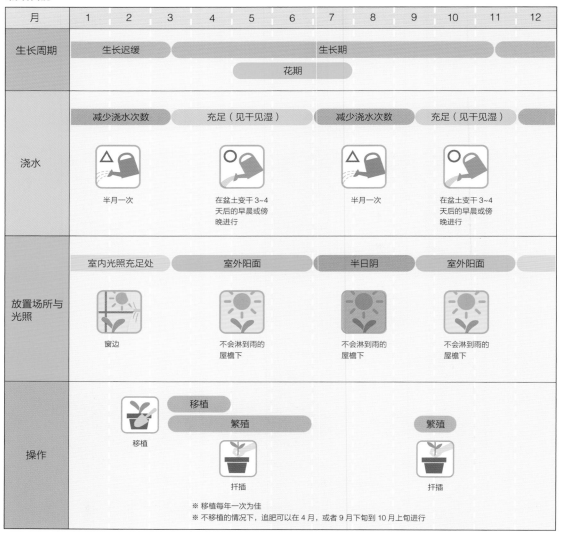

月	1	2	3	4	5	6	7	8	9	10	11	12
生长周期	生长迟缓			生长期								
				花期								
浇水	减少浇水次数 半月一次			充足（见干见湿） 在盆土变干3~4天后的早晨或傍晚进行			减少浇水次数 半月一次			充足（见干见湿） 在盆土变干3~4天后的早晨或傍晚进行		
放置场所与光照	室内光照充足处 窗边			室外阳面 不会淋到雨的屋檐下			半日阴 不会淋到雨的屋檐下			室外阳面 不会淋到雨的屋檐下		
操作	移植	移植 繁殖 扦插								繁殖 扦插		

※ 移植每年一次为佳
※ 不移植的情况下，追肥可以在4月，或者9月下旬到10月上旬进行

多肉植物小课堂

Q 切取侧芽时有好多汁液留出该怎么办呀？

A 大戟属品种的植株切口处会留出白色汁液，是正常现象，不必过分担心，但部分品种汁液有毒，接触后皮肤会有刺痛感。推荐不要用手直接切取侧芽，可以戴上手套再进行操作，切取后用水将汁液冲洗干净，尤其要注意不要让汁液进入口中。

红彩阁　　白桦麒麟

看起来像刺一样的部分，实际上是花梗，是茎的一部分。

大戟属多肉植物

世蟹丸

筒叶麒麟

九头龙

铁甲丸

波涛大戟

虎刺梅

龙舌兰属　**姬笹之雪**

姬笹之雪特征

龙舌兰属多肉植物原生于排水性极好的岩石或干燥的地表，最大的龙舌兰属多肉植物直径可达 3 米，姬笹之雪是其中最小的品种之一，直径在 10 厘米左右。龙舌兰属植物耐寒性和耐热性都很好，生命力强且容易栽培。外观上，龙舌兰属植物的叶片末端很尖，整棵植株呈莲花状。

难易度	花期
★	春
简单	4—5 月

选购注意点

要选择叶片呈深绿色，高度较低、造型紧凑的植株。避免下部叶片发黄的植株。

徒长植株 ×
变色植株 ×

盆体

栽培土壤构成

栽培土壤由保水性、透气性较好的赤玉土、鹿沼土、腐叶土构成。三者的配比为 5 : 3 : 2。盆底置入盆底石（或大颗粒的赤玉土或轻石）。

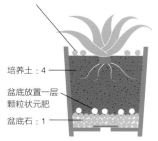

土面适当施以颗粒状肥料
（也可用液肥）

培养土 : 4

盆底放置一层
颗粒状元肥

盆底石 : 1

肥料

在移植植株时，将肥料置于盆底石上层。以颗粒状肥料为佳。

移植方法

将植株从盆土中取出后，先轻轻去除腐烂的根系，注意不要伤到根部，将根部散开放入新土中进行栽培，在半日阴处放置 10 天左右开始正常浇水。

去除 2/3 的旧土

旧土

盆体

盛土器

将根部舒展开栽种

将轻微湿润的培养土倒入盆中，移植后轻轻将土压实，最后将植株放在半日阴处等待生根。

繁殖方法

随着植株生长，母株上会不断生出侧芽，当侧芽长到合适大小时将其切下，当切口风干后放入湿润的土壤中进行扦插，在半日阴处放置 10 天左右开始正常浇水。

分株

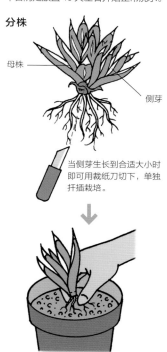

母株

侧芽

当侧芽生长到合适大小时即可用裁纸刀切下，单独扦插栽培。

切口风干 4~5 天后，将侧芽插入微湿的土壤中，放到通风良好的半日阴处等待生根。

侧芽没有根部的情况下需要放置 10 天左右再开始浇水。

姬笹之雪栽培技巧

姬笹之雪等龙舌兰属多肉植物喜阳，在原产地常与仙人掌生长在一起。且姬笹之雪生命力很强，春季和秋季之间，即便偶尔淋雨也没关系。但夏季浇水量要控制好，长期高温多湿会导致根系腐烂，因此可以转移到淋不到雨的屋檐下栽培。姬笹之雪耐寒性较好，但是冬季会生长迟缓，因此要减少浇水次数。

栽培日历

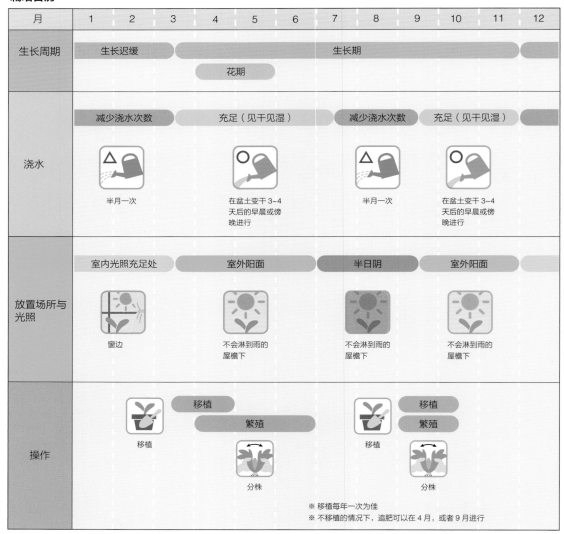

月	1	2	3	4	5	6	7	8	9	10	11	12
生长周期	生长迟缓						生长期					
				花期								
浇水	减少浇水次数（半月一次）			充足（见干见湿）在盆土变干3~4天后的早晨或傍晚进行			减少浇水次数（半月一次）			充足（见干见湿）在盆土变干3~4天后的早晨或傍晚进行		
放置场所与光照	室内光照充足处（窗边）			室外阳面（不会淋到雨的屋檐下）			半日阴（不会淋到雨的屋檐下）			室外阳面（不会淋到雨的屋檐下）		
操作	移植	移植 繁殖 分株					移植	移植 繁殖 分株				

※ 移植每年一次为佳
※ 不移植的情况下，追肥可以在4月，或者9月进行

多肉植物小课堂　　**Q** 龙舌兰属多肉植物好像怎么都长不大，是为什么呢？

A 龙舌兰属多肉植物是生长缓慢的品种，请给它充分的时间慢慢成长哦！不过如果长年不换盆的话，也会导致植株聚成一团，阻碍成长，同时也会阻碍侧芽的萌生。但龙舌兰属又是不耐移植的品种，因此换盆的时候一定要注意不要伤及根部。

姬笹之雪叶片上白色的花纹
宛如残雪，
别有一番意境。

龙舌兰属多肉植物

雷神

妖炎　※ 不耐夏季高温多湿

华严锦

王妃笹之雪

王妃雷神

A 型王妃笹之雪

仙女杯属　**雪山仙女杯**

雪山仙女杯特征

仙女杯属和拟石莲花属相似，外形酷似莲花，多生于加利福尼亚南部到墨西哥北部太平洋沿岸地区。在光照充足、气候干燥的地区，叶片上的白霜会愈发变得明显。栽培时同样注意不要置于高温多湿的地方，且注意不要碰到叶片上的白霜，白霜一旦脱落几乎不可能恢复，会影响观赏哦。

难易度	花期
难	3—4月

 选购注意点

要选择叶片白霜鲜艳明显的植株，高度较低、造型紧凑的植株。避免白霜脱落的植株。

徒长植株 ×
变色植株 ×
盆体

栽培土壤构成

栽培土壤由保水性、透气性较好的赤玉土、鹿沼土、腐叶土构成。三者的配比为5:3:2。盆底置入盆底石（或大颗粒的赤玉土或轻石）。

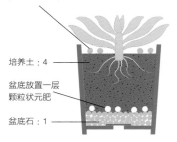

土面适当施以颗粒状肥料（也可用液肥）
培养土：4
盆底放置一层颗粒状元肥
盆底石：1

肥料

在移植植株时，将肥料置于盆底石上层。以颗粒状肥料为佳。

移植方法

移植宜在初秋进行，移植时注意不要碰掉白霜。先轻轻去除腐烂的根系，注意不要伤到根部，将根部散开放入新土进行栽培，在半日阴处放置10天左右就会生出新的根系。

去除2/3的旧土
旧土
盆体

盛土器
将根部舒展开栽种

将轻微湿润的培养土倒入盆中，移植后轻轻将土压实，最后将植株放在半日阴处等待生根。

繁殖方法

当有侧芽长出的时候，可以切下侧芽，切口风干一周左右后，放入湿润的土壤中进行扦插。但仙女杯很少生出侧芽，因此反而用播种的方法繁殖起来更加简单。

播种

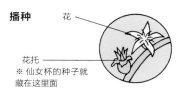

花
花托
※ 仙女杯的种子就藏在这里面

在播种之前，先用热水将盆土消毒，待盆土完全冷却后，将种子均一撒在土面。

播种时可以如图使用硬卡纸。

种子

如图，用透明塑料板盖住花盆，之后将花盆坐在水盆中，水的高度要没过花盆的1/3左右。

透明塑料板
水
水盆

半月左右种子便会发芽，发芽后去除透明塑料板促进通风，同时也不用再浸泡在水盆中。在保持盆土湿润的情况下，将花盆转移到半日阴处。当小苗长出4~5枚叶片时，即可进行移植。

仙女杯栽培技巧

　　仙女杯不耐高温多湿，夏季会进入半休眠状态。进入秋季后开始复苏，一直到春季都处于生长期。冬季可以放在阳光充足的阳台上，温度较低的冬季也可以正常浇水。早春仙女杯会生出许多小花，小花全部开放的话会过度消耗植株养分。仙女杯的移植可以在春季进行，不过在秋季进行的话可以为冬季的生长做准备，因此推荐在秋季进行移植换盆。

栽培日历

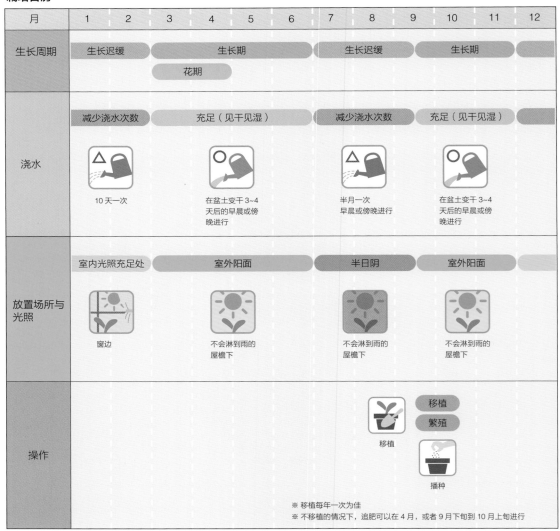

月	1	2	3	4	5	6	7	8	9	10	11	12
生长周期	生长迟缓		生长期				生长迟缓			生长期		
			花期									
浇水	减少浇水次数 10天一次		充足（见干见湿） 在盆土变干3~4天后的早晨或傍晚进行				减少浇水次数 半月一次 早晨或傍晚进行			充足（见干见湿） 在盆土变干3~4天后的早晨或傍晚进行		
放置场所与光照	室内光照充足处 窗边		室外阳面 不会淋到雨的屋檐下				半日阴 不会淋到雨的屋檐下			室外阳面 不会淋到雨的屋檐下		
操作							移植	移植 繁殖 播种				

※ 移植每年一次为佳
※ 不移植的情况下，追肥可以在4月，或者9月下旬到10月上旬进行

多肉植物小课堂　　**Q** 临近夏季，仙女杯越来越没精打采，这可怎么办呀？

A 仙女杯原产于加利福尼亚，虽然耐高温但是却不耐高温多湿，因此在夏季会进入半休眠状态，如果是处在高温多湿的环境，夏季要将植株转移到通风良好处，并控制浇水量。也可以采用通风良好的花架和防晒网来降低温度和湿度。

雪山仙女杯的花朵

仙女杯叶片上的白霜弱不禁风，
一旦触碰，便会落下哦！

仙女杯属多肉植物

仙女杯格诺玛

仙女杯青冈

特氏仙女杯

格瑞内仙女杯　※ 不耐夏季高温多湿

仙女杯蓝锁拉塔

西陌莎

83

肉锥花属 **圣园 / 口笛 / 少将**

圣园 / 口笛 / 少将特征

肉锥花属多肉植物是主要生长于南非干燥地带的小型（5 毫米 ~2 厘米）多肉植物。肉锥花属多肉植物品类众多，外形独特，两片叶片相对呈球状。肉锥花属多肉植物生长期为秋季到春季，夏季会变成茶色，进入完全休眠状态。待天气转凉时，肉锥花属多肉植物又会生出新芽开始成长，并迎来花期。

难易度	花期
★★	秋
普通	9—11 月

选购注意点

要避开细长的徒长植株，选择沐浴阳光后叶片饱满的植株。

徒长植株 ×

变色植株 ×

盆体

栽培土壤构成

栽培土壤由保水性、透气性较好的赤玉土、鹿沼土、腐叶土构成。三者的配比为 5∶3∶2。盆底置入盆底石（或大颗粒的赤玉土或轻石）。

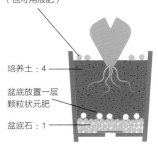

土面适当施以颗粒状肥料
（也可用液肥）

培养土∶4

盆底放置一层
颗粒状元肥

盆底石∶1

肥料

在移植植株时，将肥料置于盆底石上层。以颗粒状肥料为佳。

移植方法

移植时，要先将干枯的外皮去掉，再去除腐烂的根系，将根部散开浅埋入湿润的新土进行栽培，在半日阴处放置 10 天左右就会生根。

去除 2/3 的旧土

旧土

盆体

盛土器

将根部舒展开栽种

将轻微湿润的培养土倒入盆中，移植后轻轻将土压实，最后将植株放在半日阴处等待生根。

繁殖方法

夏末时，可以用裁纸刀对植株进行分株繁殖。根部深度不要过深，保持土壤微微湿润即可生根发芽。

分株

用裁纸刀进行分株

将切下的植株风干 3~4 天后，种植在土壤中，注意不要过深。

扦插

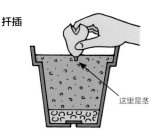

这里是茎

即便是没有根部的侧芽，也可以通过扦插进行繁殖。这时也要浅埋，大约 1 厘米。

肉锥花属植物栽培技巧

肉锥花属植物的成长期和休眠期很清晰，因此栽培起来容易了许多。生长期之前，也就是 9 月左右是移植的好时期。生长期浇水要见干见湿，不要频繁而少量地浇水。入夏后植株开始变黄，这是进入休眠期的信号，可以开始停止浇水。想要养好肉锥花属多肉植物，控制浇水量是非常重要的。

栽培日历

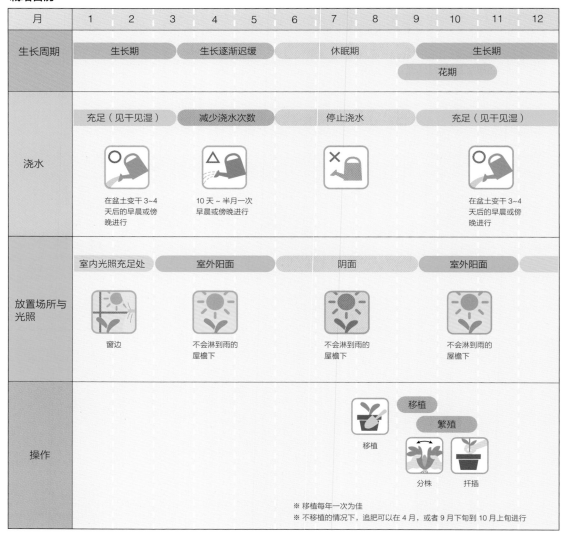

月	1	2	3	4	5	6	7	8	9	10	11	12
生长周期	生长期		生长逐渐迟缓				休眠期		生长期			
									花期			
浇水	充足（见干见湿）		减少浇水次数				停止浇水		充足（见干见湿）			
	在盆土变干 3~4 天后的早晨或傍晚进行		10 天 ~ 半月一次 早晨或傍晚进行						在盆土变干 3~4 天后的早晨或傍晚进行			
放置场所与光照	室内光照充足处		室外阳面				阴面		室外阳面			
	窗边		不会淋到雨的屋檐下				不会淋到雨的屋檐下		不会淋到雨的屋檐下			
操作									移植 繁殖 移植 分株 扦插			

※ 移植每年一次为佳
※ 不移植的情况下，追肥可以在 4 月，或者 9 月下旬到 10 月上旬进行

多肉植物小课堂　　**Q** 已经到了秋季了，肉锥花属多肉植物却迟迟不开花，是哪里出问题了呢？

A 也许是秋季到春季的生长期光照不足的原因。需要将植株移到阳光充足的地方。同时也可能是浇水过度，或者夏季浇水导致根系腐烂。肉锥花属多肉植物不耐高温多湿，夏季会进入休眠状态。因此夏季一定要放在通风良好处并停止浇水。按照以上的方法再试试看吧。

一颗颗肉锥花，
仿佛是沙漠中的小宝石，
夏季会变成茶色进入休眠期。

休眠中的肉锥花属多肉植物

圣园　　　　　　　　　　　少将

肉锥花属多肉植物

墨小锤

灯泡　※不耐夏季高温多湿

安珍

秋、冬、春型

生石花属　**日轮玉 / 黄鸣弦 / 李夫人**

日轮玉 / 黄鸣弦 / 李夫人特征

　　日轮玉、黄鸣弦、李夫人是主要生长于南非的干燥地带的多肉植物。生石花外形独特，两片叶片相对呈球状。与玉露相似，生石花也是通过植株顶部的被称作"天窗"的透明部分吸收进行光合作用。生石花在夏季会进入休眠状态。待天气转凉时开始迎来生长期和花期。生长期时会从休眠的植株内部萌生出新芽。

难易度	花期
难	9—11 月

👆 选购注意点

要避开细长的徒长枝条和根部变为褐色的植株，要选择叶片饱满有张力的植株。

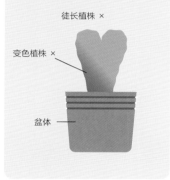

徒长植株 ×
变色植株 ×
盆体

栽培土壤构成

栽培土壤由保水性、透气性较好的赤玉土、鹿沼土、腐叶土构成。三者的配比为 5:3:2。盆底置入盆底石（或大颗粒的赤玉土或轻石）。

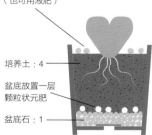

土面适当施以颗粒状肥料（也可用液肥）
培养土：4
盆底放置一层颗粒状元肥
盆底石：1

肥料

在移植植株时，将肥料置于盆底石上层。以颗粒状肥料为佳。

移植方法

移植生石花时，要先将干枯的外皮去掉，再去除腐烂的根系，将根部散开浅埋入湿润的新土进行栽培。注意不要使用过大的花盆，否则容易导致根系腐烂。

去除 2/3 的旧土
旧土
盆体

盛土器
将根部舒展开栽种

将轻微湿润的培养土倒入盆中，移植后轻轻将土压实，最后将植株放在半日阴处等待生根。

繁殖方法

可以对植株进行分株繁殖。当分株时产生的切面风干之后，即可浅埋栽培，注意根部深度不要过深，保持土壤微微湿润即可生根发芽。

分株

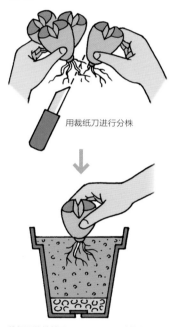

用裁纸刀进行分株

将切下的植株风干 3~4 天后，种植在土壤中，注意不要过深。

扦插

这里是茎

即便是没有根部的侧芽，也可以通过扦插进行繁殖。这时也要浅埋，大约 1 厘米。

日轮玉 / 黄鸣弦 / 李夫人栽培技巧

日轮玉、黄鸣弦和李夫人的成长期需要充足的水分，要见干见湿，土壤表面干后3~4天，要一次性浇透。处于生长期的植株出现软化、枯萎情况时，要考虑根系腐烂的可能，它们的休眠期很清晰，因此栽培起来容易了许多。生长期之前，也就是9月左右是移植的好时期，可以换盆并更换新土。入夏后植株进入休眠期，要停止浇水，并移至通风良好的半日阴处进行栽培。

栽培日历

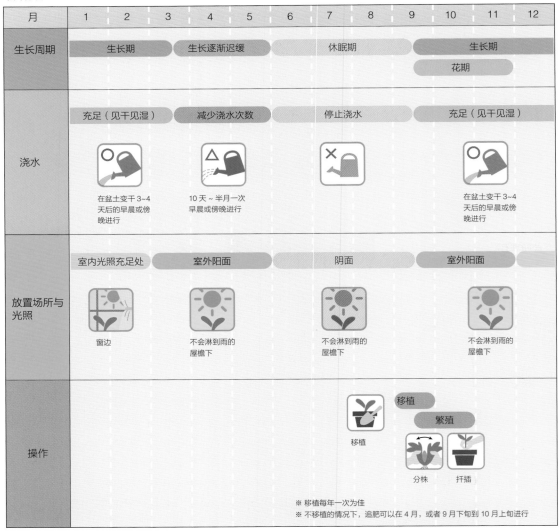

月	1	2	3	4	5	6	7	8	9	10	11	12
生长周期	生长期			生长逐渐迟缓			休眠期			生长期		
										花期		
浇水	充足（见干见湿） 在盆土变干3~4天后的早晨或傍晚进行			减少浇水次数 10天~半月一次 早晨或傍晚进行			停止浇水			充足（见干见湿） 在盆土变干3~4天后的早晨或傍晚进行		
放置场所与光照	室内光照充足处 窗边		室外阳面 不会淋到雨的屋檐下				阴面 不会淋到雨的屋檐下			室外阳面 不会淋到雨的屋檐下		
操作							移植 移植		移植 繁殖 分株　扦插			

※ 移植每年一次为佳
※ 不移植的情况下，追肥可以在4月，或者9月下旬到10月上旬进行

多肉植物小课堂　　**Ⓠ 我的生石花已经脱皮两次了，这是为什么呢？**

Ⓐ 生石花脱皮两次，是光照不足的原因。生石花有着"太阳之子"之称，越是光照充足，生长得越好。但是浇水一定要见干见湿，一定要让土壤充分干燥之后再浇透，否则土壤一直湿润的话，植物根系无法呼吸，而且会腐烂。因此推荐把植株放在通风良好处，并严格按照见干见湿的方式浇水试一下。

每一次脱皮都会生长得更大，
这正是生石花的奇妙之处哦！

李夫人

黄鸣弦

日轮玉

休眠中的生石花

生石花属多肉植物

路美玉

福来玉

荒玉

91

多肉植物养殖基础知识

放置场所与日照

●放置场所

日本的降雨量很大,露天养殖很可能导致根系腐烂,尤其是春末气温开始上升起到秋季的时间,尤其要注意多肉植物摆放的场所。这段时期推荐将植株摆放在淋不到雨的屋檐下。

生长期的多肉植物则需要从早到晚的充足光照,不能达到这个标准的话,最低要保证3小时的光照。部分多肉植物从春末开始一直到夏季都处于休眠状态,此时要避免阳光直射,推荐用遮阳网遮挡植株,或者将植株转移到通风良好的半日阴处栽培。

1. 室外阳面:能够接受到阳光直射的地方。

2. 半日阴:没有阳光直射的屋檐下,或者用50%~80%遮光率的遮阳网遮挡。

3. 阴面:北侧房间或者完全无光照的地方。

●塑料棚养殖

我们也可以用塑料膜制作塑料棚栽培多肉植物。

〈优点〉

1. 可以挡雨,避免由于淋雨导致的根系腐烂。

2. 可以在塑料棚上覆盖遮阳网,调节光照。

3. 可以隔绝空气中的灰尘。

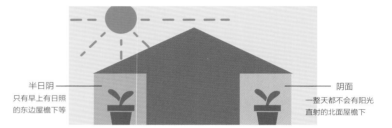

半日阴——只有早上有日照的东边屋檐下等

阴面——一整天都不会有阳光直射的北面屋檐下

4. 冬季白天保温效果好,但是夜晚棚内和棚外温度相同,要注意防冻。

〈注意点〉

春季到秋季时要注意塑料棚的通风,否则植株容易因棚内温度过高而受到损伤。

水分管理

想要植株茁壮生长,一定要进行合理的水分管理。多肉植物叶片中水分充足,可以在长期缺水的环境下生存。但是想要多肉植物更健康地生长,合理的水分管理也是不可或缺的。

多肉植物的水分管理根据植株不同生长阶段而不同。多肉植物处于生长期时,一定要见干见湿,即在盆土表面干燥3~4天后一次性浇透水,这是最重要的原则。当植株生长速度变慢时,可以逐渐减少浇水的次数,在植株进入休眠状态后,完全停止浇水。

为了彻底使盆土湿润,也可以采用腰水法。叶片上带有白霜的多肉植物如果由上至下浇水的话会导致白霜脱落,可以采用将植株盆体浸入水中的方法,从底部浸透盆土。

腰水法

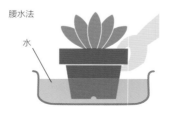

水

要点:

●通过土的颜色判断土壤是否湿润。(如图1)

●有时土壤表面虽是干燥的,但土壤内部是湿润的,这种时候只靠观察是难以辨认的,可以将牙签插入盆土中再拔出来观察插入土壤的部分是否湿润。(如图2)

●多肉植物叶片上有水珠残留又受到阳光直射时,水珠会起到放大镜的作用,造成叶片灼伤。有水珠溅到叶片上时,可以用手捏吹气筒将水珠吹走。(如图3)

图1　左边是干燥的土壤,右边是湿润的土壤

图2　用牙签测试土壤内部是否湿润

图3　吹走叶片上的水珠

培养土相关知识

经常听到肉友们说不知道多肉植物该用什么土养。多肉植物的用土只要满足以下几个条件即可。

1. 排水性：可以及时排出多余的水分。过多的水分是根系腐烂的主要原因。

2. 保水性：土壤保持适量的水分可以促进根系的生长。

3. 透气性：为了根部的正常呼吸，必须使用透气性较好的土壤。

同时满足以上三个条件的土壤即是优秀的多肉植物土壤。园艺店有很多种土壤出售，可以选择多种土壤混合种植多肉植物。

※ 比如可以混合小粒赤玉土、鹿沼土、腐叶土或泥炭土进行栽培

陶粒　腐叶土　蛭石　泥炭土

小粒鹿沼土　大粒赤玉土　小粒赤玉土　水苔

栽培用具

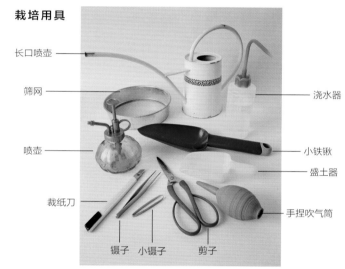

长口喷壶

筛网

喷壶

裁纸刀

镊子　小镊子　剪子

浇水器

小铁锹

盛土器

手捏吹气筒

越夏与越冬

谨防日晒灼伤与根系腐烂

多肉植物多不耐高温多湿，在温度逐渐升高的初夏到盛夏容易引起日晒灼伤。可以采用遮阳网进行遮挡，并转移到通风良好的半日阴处。同时，夏季植株生长缓慢，过度浇水会导致植株根系腐烂，因此要减少浇水次数和浇水量。

被日晒灼伤的肉锥花属多肉植物

防寒防冻

部分多肉植物耐寒性较差，在初冬就要转移到室内养殖。即便是耐寒性较好的品种，在冬季的夜晚也有被冻伤的可能，因此推荐转移到室内养殖。深冬时浇水次数减少，会导致植株体内水分含量减少，也会使植株更容易被冻伤。

冻伤的筒叶菊

液肥

液肥是指含有肥料三要素（氮、磷、钾）的液体肥料，比固体肥料起效更快。使用时用水将液肥稀释，从土壤表面注入。

块茎

植物为了保存水分，茎秆变得粗大的部分。

截取侧芽

将侧芽从母株身上裁取下来单独栽培的过程。

遮阳网

由黑色或白色的纱线制成的纱网。可以为植株遮挡直射光，缓和光照，分为 30%、50% 和 80% 等遮光度。

缓释性

肥料可以长期缓缓起效的特性。

灌水

给盆土浇水。

休眠期

夏季或冬季植株停止生长的期间。

光合作用

绿色植物吸收阳光，通过二氧化碳和水制造氧气的过程。

交配

指植株授粉产生种子的过程。通过不同品种植株的交配，可以得到新的品种。

腰水

将盆中装适量的水，将花盆浸泡在水盆中，使水分从盆底浸入盆土。

侧芽

从母株侧面生出的小植株，可以切取下来单独栽培。

盆底石

在种植多肉植物时，放在盆底的大粒盆土。大粒赤玉土和轻石就

是其中的两种。

扦插

剪取侧芽或部分枝条插入土壤中进行栽培的过程。

自体授粉

同一植株自身授粉的过程。

遮光

使用遮阳网缓和强烈太阳光的过程。

喷水

使用喷壶向植物叶片上喷水的过程，让植物的叶片也可以吸收到水分。

缀化

同一株植株上出现多个生长点的情况，最终形成超多头状态，常常伴随着石化和带化。

脱皮

生石花等多肉植物休眠后就会脱皮，生出更大的新芽。

追肥

给生长迅速的植株追加肥料的行为。

通风

用塑料棚栽培多肉植物时，为防止棚内温度过高，要按时打开塑料棚的盖子进行通风。

嫁接苗

将生长较慢、难度较大的植株嫁接在生长迅速的砧木上来栽培。

刺根

仙人掌等刺与植株主体连接的部分。

徒长

日照不足引起的植株过度长高，但是植株整体细长、柔弱。徒长的部分没有恢复的可能，因此将徒长部分直接剪除即可。

根插

玉露等品种的植株，可以切取健壮的植物根系插入土壤进行栽培。

培养土

栽培多肉植物用的土。要选有较好的保水性、排水性和透气性的。

叶插

将叶片放置在土壤上等待生根的繁殖方法。

半日阴

没有阳光直射的地方，比如树荫或屋檐下，也可以用遮阳网调节光照，创造半日阴的光照效果。

阴面

完全没有光照的地方，比如房屋的北侧。

阳面

有阳光直射的地方。

锦化

植株叶片表面叶绿素减少，呈现白色或黄色的斑纹。

腐叶土

含有充分发酵落叶的土壤，保水性和透气性都很好。

实生

通过播种植株开花结出的种子来繁殖植物的方法。

浇水

向培养土中倒入水。

烂根

夏季培养土长期处于湿润状态，导致植物根系仿佛处于热水中，根部受损。

元肥

在种植植株时加入喷涂的肥料，也称作底肥。可以选取缓释类肥料，与培养土混合栽培植株。

有机质肥料

由有机质成分（堆肥、油渣、鱼肠等）组成的肥料。

叶绿素

植物叶片中含有的色素，可以通过吸收光和二氧化碳及水合成植物生长所需的碳水化合物。

莲花状

指呈椭圆或多角形，酷似莲花的叶片样貌。

病 虫 害 对 策　※ 后为推荐的病虫害防治手段与药剂

病害

白粉病

植株叶片上仿佛覆盖了一层白粉，是由于高温且不通风造成的。

※ 可以用三唑酮（粉锈宁）2000 倍稀释喷雾，7~10 天喷一次

菟丝子

植株的根部开始，接近地面的部分缠绕着许多金黄色细丝状无叶茎。因为菟丝子一旦缠绕住植株后就会与根部断开，因此看起来植株好像被线缠绕一般。菟丝子会导致植株腐烂枯死。

※ 可以用鲁保一号粉剂 100~200 倍稀释喷雾

黑斑病

植物叶片上出现黑斑，这种病害是由多种真菌所致，多发在湿度较大、光照不足的时期，可借助风或昆虫传播。

※ 应及时清除病叶，并用百菌清、甲基托布津等常见杀菌药喷雾

立枯病

由植株根部开始到植株顶端彻底腐败。

※ 用 20% 甲基立枯磷乳油 1200 倍液进行喷雾

软腐病

植株叶片蔫萎下垂直至腐烂。

※ 在高温多湿的条件下植株易患软腐病，因此要将植株转移到日照强、通风好处，清除烂叶，喷施农用链霉素稀释喷雾

灰斑病

患病植株叶片会生出灰褐色斑点，进而腐烂死亡。通常是由于日照不足、通风不良造成的。

※40% 多菌灵胶悬剂，稀释成 1000 倍喷雾

晒伤

生长过程日照不足，或者不耐阳光直射的植株，在受到强光照射后叶片变色。

虫害

※ 可以用遮阳网调节光照，进行预防

红蜘蛛

红蜘蛛实际并非蜘蛛，而是蜱螨的一种，因为体型小所以经常被忽视。红蜘蛛会吸取植株养分，导致植株叶片变成褐色甚至死亡。

※ 使用 10% 苯丁哒螨灵乳油（如国光红杀）1000 倍液喷雾防治，建议连用 2 次，间隔 7~10 天

蚜虫

蚜虫一旦出现，数量和吸取植物汁液的速度都会急速增加，因此会导致植株迅速衰弱。

※ 可以用 50% 马拉松乳剂 1000 倍液喷洒植株 1~2 次，也可以用 1:6~1:8 的比例配制辣椒水（煮半小时左右），或 1:20~1:30 的比例洗衣粉液水进行喷洒

白壳虫（介壳虫的一种）

一种背部长着白色壳的虫子，会吸收植株汁液营养。

※ 可用 40% 氧化乐果 1000 倍液，或 50% 马拉硫磷 1500 倍液进行喷雾

蛞蝓

外表像没有壳的蜗牛，俗称鼻涕虫，为夜行虫，喜食植株嫩芽等柔软部分。

※ 可以在土壤上放置驱散蛞蝓的药物

根粉介壳虫

植株根部有白粉状物，导致植株生长缓慢，根系腐烂直至死亡。

※ 建议更换盆土，彻底清洗植株根部并在阴凉处晾干，1~2 天后重新栽种。栽种后可以在土壤中施用"呋喃丹"进行防治

棉蚜

外观看起来像蓬松的柳絮，但是一触碰就会动，因此很好分辨。

※ 可以用 1:1500 稀释龙丽乐进行喷雾

夜盗虫

夜盗虫幼虫于夜间活动，咬食植物嫩芽。

※ 可以用 2.5% 的敌百虫粉进行喷雾

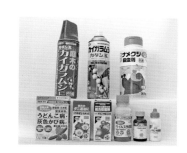

图书在版编目（CIP）数据

图解多肉植物栽培与观赏 ／（日）古谷卓著 ； 刘馨
宇译. — 北京 ： 北京美术摄影出版社，2020.8
ISBN 978-7-5592-0341-0

Ⅰ. ①图… Ⅱ. ①古… ②刘… Ⅲ. ①多浆植物—观
赏园艺—图解 Ⅳ. ①S682.33-64

中国版本图书馆CIP数据核字(2020)第069435号

北京市版权局著作权合同登记号：01-2019-1670

责任编辑：耿苏萌
责任印制：彭军芳

图解多肉植物栽培与观赏
TUJIE DUOROU ZHIWU ZAIPEI YU GUANSAHNG

［日］古谷卓　著

刘馨宇　译

出　版　北京出版集团
　　　　北京美术摄影出版社
地　址　北京北三环中路6号
邮　编　100120
网　址　www.bph.com.cn
总发行　北京出版集团
发　行　京版北美（北京）文化艺术传媒有限公司
经　销　新华书店
印　刷　天津图文方嘉印刷有限公司
版印次　2020年8月第1版第1次印刷
开　本　787毫米 × 1092毫米　1/16
印　张　6
字　数　87千字
书　号　ISBN 978-7-5592-0341-0
定　价　49.00元

如有印装质量问题，由本社负责调换
质量监督电话　010-58572393